基礎からわかる

おいしいカキ栽培

倉橋孝夫・大畑和也
［著］

農文協

まえがき

昔から「柿が赤くなると医者が青くなる」といわれているように、カキの果実にはビタミンC、カリウムや食物繊維などが多く含まれ、風邪や生活習慣病の予防、美肌効果などがあるといわれている。また果皮に多く含まれるβ-クリプトキサンチンは、人間の体内で酸化ストレスを抑える効果があり、病気の予防に役立つと考えられる。渋み成分のタンニンにはアルコール分解作用があり、二日酔いの解消に効果があることが実証されている。

こうしたことから最近、ヨーロッパやアメリカ合衆国では、健康志向の高まりからカキが評価され、大手スーパーの定番商品となり、消費量が増加している。そしてこれらの人気を背景に、中国、韓国、ブラジル、スペイン、イスラエル、アゼルバイジャンなどではカキの栽培が増加している。

香港、タイなどの高級デパートでは、日本、中国、韓国、スペイン産などいろいろな国のさまざまなカキ品種が販売されている。とくに、日本産の富有、次郎は、味や見栄えがよいことから海外産より2〜3倍の高値で販売されている。タイで現地の大学生に、西条、太天の生果、西条のあんぽ柿を試食してもらい、アンケート調査を行なったところ、どの果実とも美味しくてふたたび買うと回答する人が多かった。国内では販売が伸び悩んでいる日本産のカキは、味がよく、機能性も高いということで輸出が増加しているのである。

一方、これまでカキ品種は、富有、平核無などが中心であったが、近年は国の研究機関から着色良好な早秋、多汁でサクサク感のある良食味の太秋、大果で良食味の太天など付加価値の高い新品種が作出され、消費者の人気が高まっている。太秋は、露地栽培では果面に汚れが出やすいが、無加温や雨よけハウスを行なうと非常にきれいで美味しい果実となり、高単価で取引されている。さらに、一口で食べることのできるベビーパーシモンや、あんぽ柿、干し柿などの加工品も加わり、商品の種類も増え、味もよいことから若い女性に人気が高く、海外のマーケットからも注目が集まっている。

これらの状況から、今後、安定高品質生産ができれば、加工品の販売と相まって海外からの需要拡大などでカキは儲かる時代に入ってきていると考えられる。しかし、日本国内のカキ栽培面積や出荷量は微減している。以前は、奈良県吉野地方のような大規模パイロット事業で大きな産地がつくられた事例もあるが、最近はほとんど見られない。かといって、新規就農者や退職帰農者が大規模造成を行なってカキ園をつくるのは資金的になかなか困難である。

そうしたなか、JAしまねでは、新規就農者や既存の生産者の規模拡大や初期投資の軽減を目的に、水田などの農地をJAが受託し、カキ団地として基盤整備、土壌改良、苗木の植え付けを行なって、その後、カキ部会での4年間の育成を経たのち、5年目に新規就農者など耕作者へリース契約する新しい試みも始められている。これなら初期投資が少なく就農でき、カキ栽培者の増加と規模拡大を図ることができる。今後のカキ産業を見通した場合、こうした方式の日本各地への広がりが必要となっていくのではないかと見ている。

ところで、著者が所属する島根県農業技術センターの果樹研究チームでは、ブドウ、カキ、ナシ、リンゴなどの落葉果樹について、物質生産という視点から高品質果実が多収できる栽培技術の研究を行なってきた。すなわち、高品質・多収を実現するには、光合成器官である葉を園内に隙間なく配置して物質生産を増やし、それを果実へより多く分配する樹体管理が必要であることを明らかにしてきた。

国内の多くのカキ園では、着色をよくするのと作業の効率化を図るために、樹間距離を広くとり、1年枝の配置も少ないため、単収が1〜2t/10aのところが多い。これらの園では、物質生産の考えに基づき栽培技術を改良すれば、収量をさらに高めつつ高品質果実を生産できると考えられる。

本書は、そのための栽培管理全般について解説したものである。具体的には、光合成生産を高めるための適正なLAI（葉面積指数）であり、また、せん定時の1年枝の配置の仕方や夏枝管理のやり方、高品質果実を生産するための着果量管理などである。物質生産の用語にはなじみの少ないものが多いと思われるが、ぜひ熟読して、少しでも早く、儲かるカキ栽培を行なっていただければ幸いである。

二〇一九年五月

倉橋　孝夫

おいしいカキ栽培

目次

序章　おいしいカキづくりの基本──ここが勘どころ　10

基本編

第1章　開園・植え付けと若木の管理――22

第2章　カキ有望品種――選び方のコツ――33

実際編

第3章　12～3月――休眠期の管理――47

第4章 4～5月――発芽・展葉期の管理 60

第5章 5～6月――開花・結実期の管理 66

第9章 施肥と土壌管理のポイント

第10章 施設栽培のポイント

第11章 おもな病害虫と生理障害

第12章 カキ果実の加工

カキの生育過程とおもな栽培管理

		1月	2月	3月	4月	5月	6月	7月	8月	9月	10月	11月	12月
	生育段階	休眠期		発芽期		開花・結実期		果実肥大			成熟期		休眠期
生育サイクル	栄養生長（葉面積の拡大）				新梢・葉の生長	養分転換期		新梢の登熟・旧枝の肥大		貯蔵養分蓄積期		落葉	

	生殖生長（果実の生長）					開花期	細胞分裂期 生理落果	花芽分化 細胞肥大期		生理落果	成熟期		
						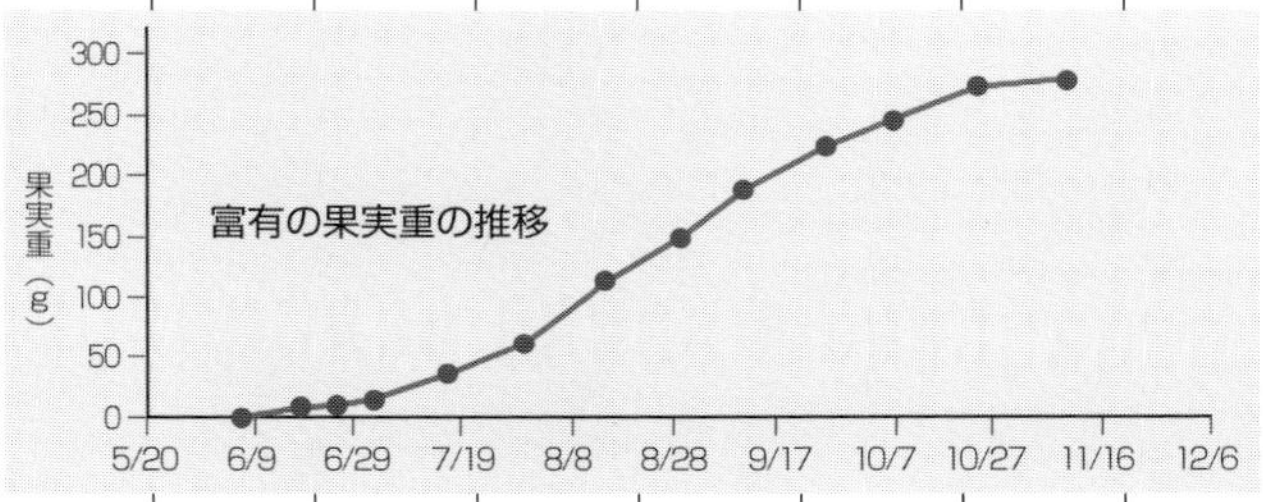							
おもな栽培管理	枝管理	整枝・せん定				ねん枝・誘引		夏季せん定・枝つり					整枝せん定
	結実管理					摘蕾 受粉		摘果			収穫		
	施肥		元肥				夏肥			礼肥			
	土壌管理				除草					マルチング		土壌管理	
	防除等	休眠期防除 炭疽病・カイガラムシ類 粗皮削り			うどんこ病・炭疽病・落葉病 カイガラムシ類・ハマキムシ・アザミウマ類	生育防除	カキノヘタムシガ・イラガ			生育防除 うどんこ病・炭疽病			落葉処理

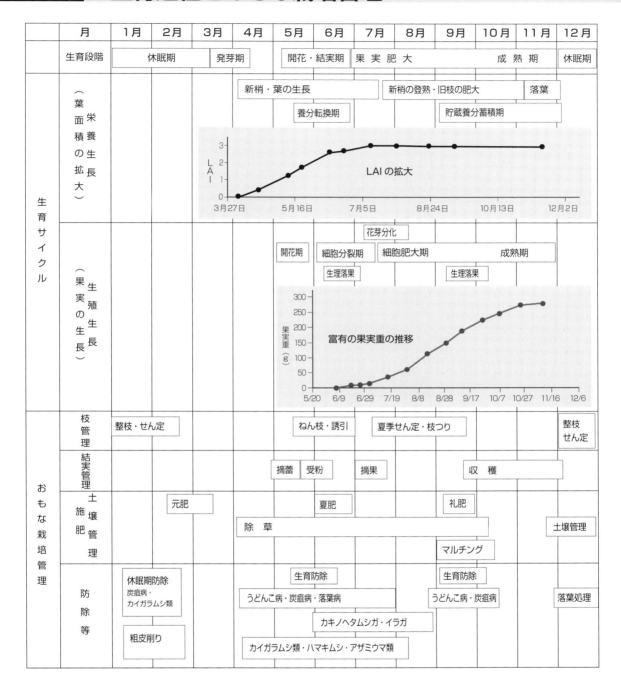

序章

おいしいカキづくりの基本――ここが勘どころ

ムダなく光を拾って光合成生産、その産物をムダなく果実へ分配させる方法を考える

で3程度に高め（写真序-1）、それを園内に満遍なく配置することが大切である。

（注）Leaf Area Index　葉面積指数の略。エルエーアイと読む。一定の面積あたりにある葉の総面積の割合をいい、葉の重なり程度を示している。葉が多いほど値は大きくなる。詳しくは後述。

その意味では樹の仕立て方が重要になる。

果樹の仕立て方には、立ち木、棚、垣根などがある。このうち受光効率を平棚と立

1 まず光合成生産を増やす

●葉を園内に満遍なく配置――園地を覆える仕立て

カキの葉も他の植物と同様に光合成を行なって（＝物質生産、後出）、その産物を、果実肥大や樹体の生長、維持呼吸などに使っている。したがって、高品質果実を多収するには、園としての光合成能力を最大限に発揮させるよう、中庸から短い新梢でLAI（注）を、富有、平核無で2.5、西条

写真序-1　最適樹相の樹
上：富有開心形樹 LAI 2.6、収量 3.6t/10a
下：西条Y字形樹 LAI 3、収量 2.86t/10a

ち木とで比較すると、後者の葉層は縦に厚く並ぶために上層の葉には光がよくあたるが下層にはあたりにくく、しかも空いた空間ができるためムダに光が地面に落ちている場合が多い（図序-1）。これに対し、

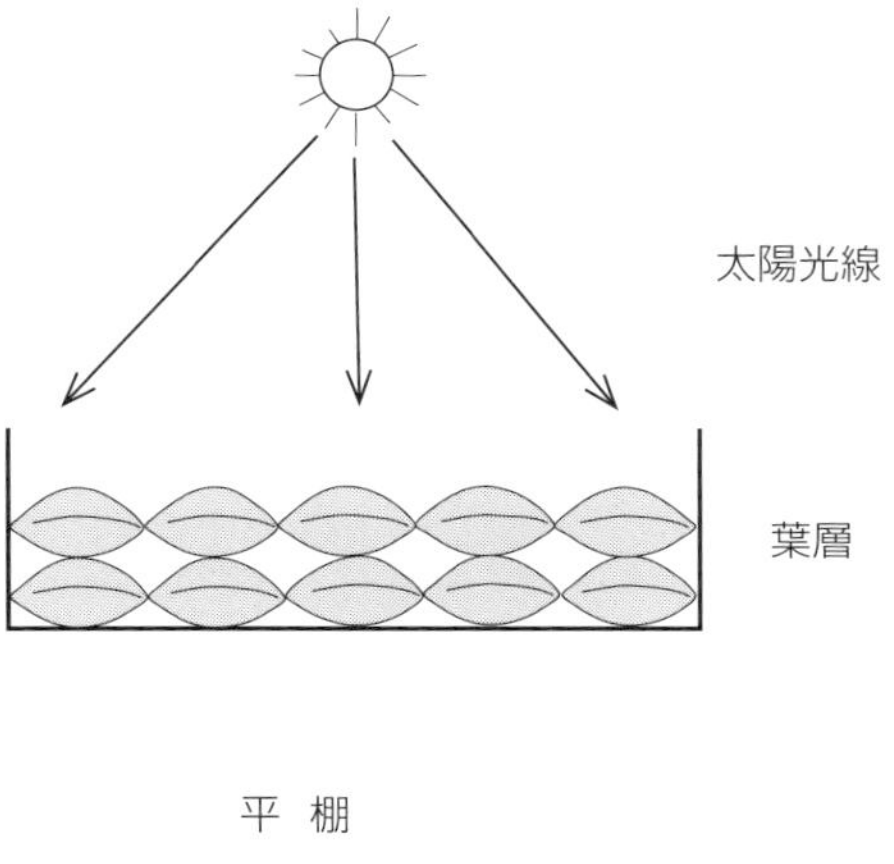

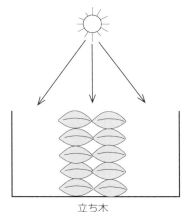

図序-1　葉面積指数「2」の葉層の模式図

平棚仕立ては、葉が隙間なく横に並んで太陽光線を受けることができるので、光合成生産量が多く、作業も脚立を使わずにできる（写真序-2）。園が満遍なく葉で埋められるということでは、棚仕立てか、もしくは樹冠で園を覆った開心形が収量をあげやすい。

●効率よく成葉を確保
——50㎝以下の新梢を大事に

カキの葉は、前年に蓄えられた貯蔵養分を利用し、新梢伸長とともに展開を開始して約30日で成葉となる。光合成能力も成葉になるにつれて高くなる。

写真序-2　平棚仕立ての樹
棚栽培は棚面を100％近く葉層で覆うことができる。脚立を使わず作業もできる

富有の50㎝以下の新梢は、開花が終了する6月上旬までに伸長を終了し、6月中旬には光合成を行なう態勢を整え、11月までの6カ月間光合成を行なう。それに対し、70㎝以上の長い新梢は7月上旬まで葉の拡大が続くため、先端付近の葉は、成葉になるのが遅く、実際に光合成を行なうのは8月以降の4カ月程度と短い。樹の葉面積は長い新梢ではなく、50㎝以下の中庸から短い新梢で確保することが多収をあげるポイントといえよう。

●得られた葉は大切に
——防風対策をしっかり

展葉直後のカキの葉は淡緑色で厚さも薄い。春先は、風速20m／秒以上の強い風（春一番など）が吹いて、葉が破れることが多い。こうなると、その年の収量はガタ減りとなる。さらに、夏から秋の台風シーズンは強風により葉が落ちたり、果実が傷付いたり落果することが多い。安定して高品質

多収をあげるには、防風対策をしっかりして、春先の展開時から落葉期まで光合成器官である葉を健全に維持することが重要である。

ちなみに、葉の光合成速度が最大となる風速は0.5m／秒といわれている。これ以上に風が強いと光合成生産は減少する。

●葉を込ませすぎてもだめ
――8月の夏季せん定で調整

先に、光合成生産を高めるためLAIを、2.5～3（単位面積あたりの葉の重なり程度2枚半から3枚）程度にと述べたが、せん定時に1年枝をたくさん残すようにすると、樹勢が強い場合、予定より新梢が伸びすぎたり新梢数が多くなったりして、LAIが高くなることがある。LAIは4程度までは光合成生産は増加するが、2.5以上では着色のよい果実を生産できない。果実の着色に影響の出る前の8月頃に夏季せん定を行なってLAIを調節する。

2 つくった光合成産物をムダなく分配①
――材より果実へ

●徒長枝、2次伸長枝の発生は最小限に

葉でつくられた光合成産物は、果実肥大だけでなく新梢や幹などの樹体生長にも多く使われる。とくに、新梢に分配される光合成産物はその新梢長が長いほど多くなり、徒長枝や2次伸長枝などは果実への分配を阻害する。

逆に、中庸から短い新梢（前述した50cm以下）は展葉が早く、光合成生産を早くから行なううえ、消費される材部分が少ないために果実生産効率が高い。

光合成産物をムダなく果実に分配するにはまず、徒長枝や2次伸長枝の発生は最小限度にとどめる。

●太枝は水平～斜めに伸ばす

また、主枝や亜主枝などは垂直に立つほど材部の肥大が旺盛となる。そのうえに頂部優勢が働くので新梢の生育が旺盛となり、光合成産物の果実へ分配が少なくなる。これを抑えるため、主枝、亜主枝は水平からやや斜め上に誘引して材部の肥大、新梢生育を制御し、果実への分配率を高めるようにする。

3 つくった光合成産物をムダなく分配②
――摘蕾を徹底

材より果実へ、より多くの光合成産物を振り分けるだけでなく、果実（芽）同士の養分競合を最適に導くことも重要で、それを行なう作業の一つが摘蕾である。カキ栽培ではこの摘蕾が、連年結実や大玉生産のカナメとなる。

●大玉への素質づくり

カキ果実の大きさは細胞の数とその大きさとのかけ算である。とくに細胞数は、開花前から開花2週間程度の5月中旬から6月中旬で決まる。それ以降は、個々の細胞が肥大することによって果実の大きさが決

定される。つまり大きな果実を生産するには、まず細胞数が多いことが前提となる。そのため、細胞分裂期に一つの果実に十分な養分が行く栽培管理、すなわち摘蕾が重要な作業となる。

●摘蕾が不十分だと隔年結果が防げない

またカキの花芽は、新梢伸長が停止した後、6月～8月に新梢の先端付近の芽の中で分化するが、このとき、新梢の芽に十分な養分が供給されていないと花芽は形成されない。

摘蕾管理、つまり花数の調整をせずに果実をそのまままつけ、その後の管理（7月中下旬の摘果）で果実数をコントロールすると養分不足で隔年結果が発生する。早い段階での養分調整、摘蕾を、やはりしっかり行なうことが重要である。

結果習性と花芽分化

カキの結果習性は、新梢の頂芽とこれに近い腋芽が花芽となる頂腋生花芽で、ブドウなどと同様に枝の葉腋に花芽がつく混合花芽である（図a）。6月中下旬に新梢の伸長が停止する頃になると肥大生長となり、花芽分化がしやすい状態となる。

7月上旬から新梢の先端付近の芽に、翌年の花となる花芽原基が出現し分化して、下旬までに四つのへた片が形成され、そのまま越冬する（図b）。この時期に分化する芽に十分な養分が行きわたらないと、花芽は形成されず葉芽となる。このため、摘蕾を十分に行なって芽の数を減らし、1個あたりの花芽に養分を行きわたらせる必要がある。

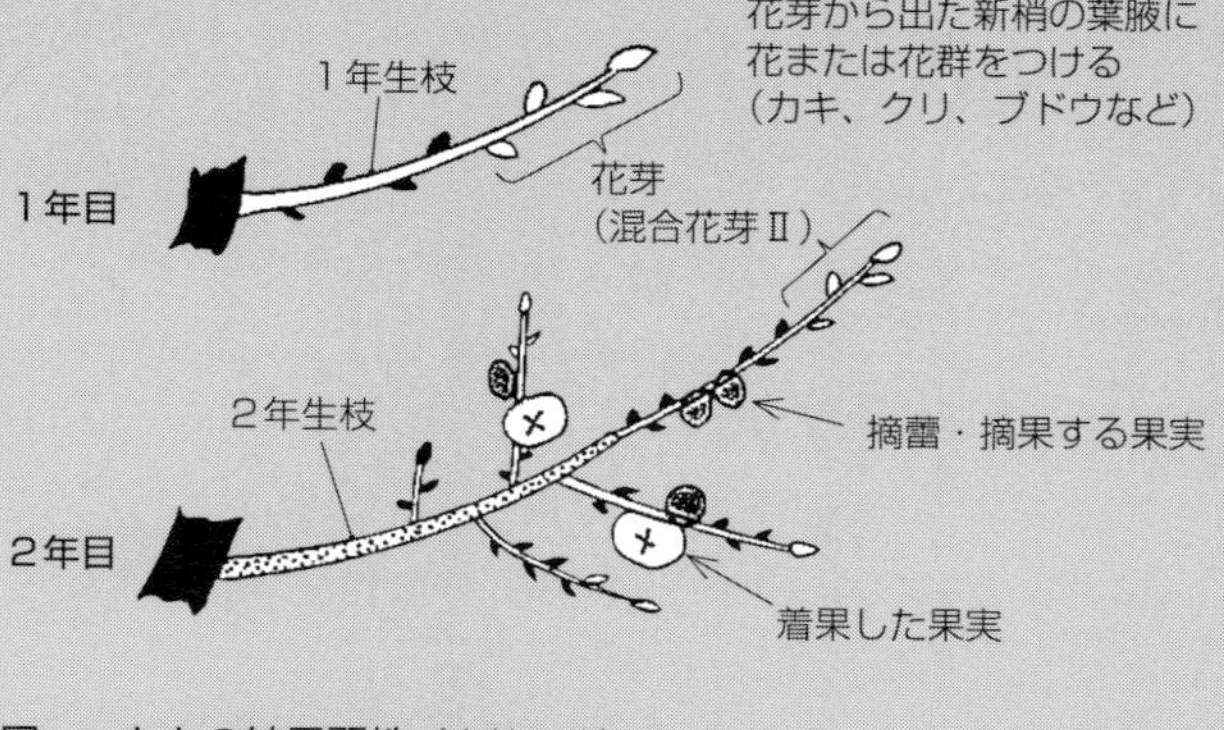

図a　カキの結果習性（小林・柴）

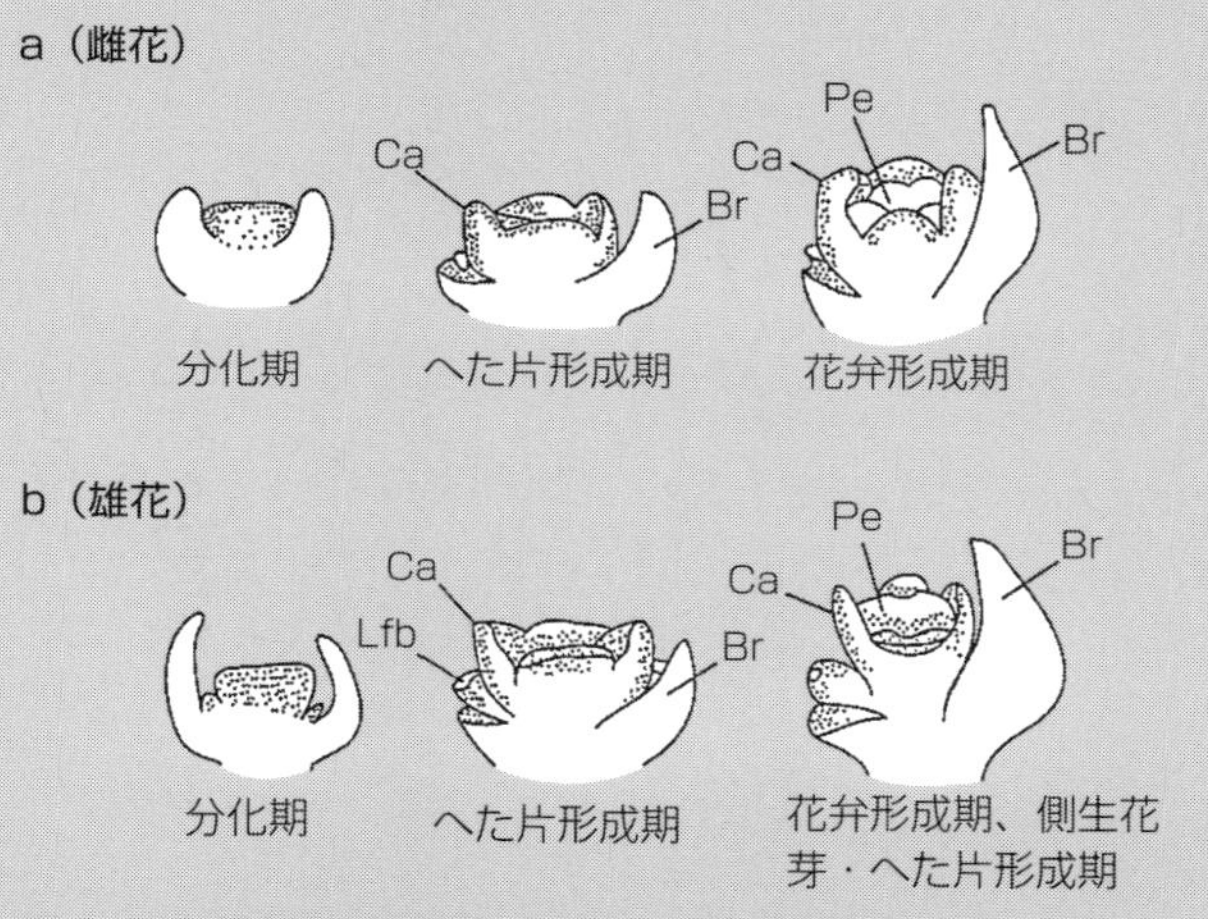

図b　禅寺丸の花芽の分化および発育状況（西田・池田、1961）
Br：苞葉、Ca：へた片、Pe：花弁、Lfb：側生花芽

4 せん定では中庸から短い枝をたくさん残す

冬のせん定が強すぎると残る芽の数が少なくなり、新梢が強く伸びすぎて徒長枝となる。こうなるとムダな養分が枝に取られ、果実への分配が減少する。また、結実している果実への日あたりも悪くなる。このため、せん定は中庸から短い1年枝をたくさん残す弱せん定とする。

具体的には、1年枝を樹冠1㎡あたり富有で10本、平核無が13〜14本、西条で16本程度を残す。7〜8月頃に予定より新梢長が伸びすぎることや新梢数が多くなってLAIが高くなった場合には、果実の着色に影響の出る前の8月頃に夏季せん定を行ない、LAIを調節する。

5 土壌改良や施肥は根域集中管理で

高収量をあげるには、それに見合った無機成分や水分を吸収できる細根量が必要である。これには、沖積土や黒ボク土のような肥沃な土壌のカキ園では問題ないが、造成地など痩せた土壌では植え付けから計画的に土壌改良を行なって細根を増やす必要がある。

この場合、全園を対象とすると労力とコストがかかる。そこで、植え付け時から3年目までに、樹の植え穴とその周囲（全園の3分の1程度）を土壌改良し、カキの根をその部分に増やし、施肥や灌水もその部分のみ行なう。このような根域集中管理を行なうことによって施肥効率を高め、土壌管理労力も減らすことができる。

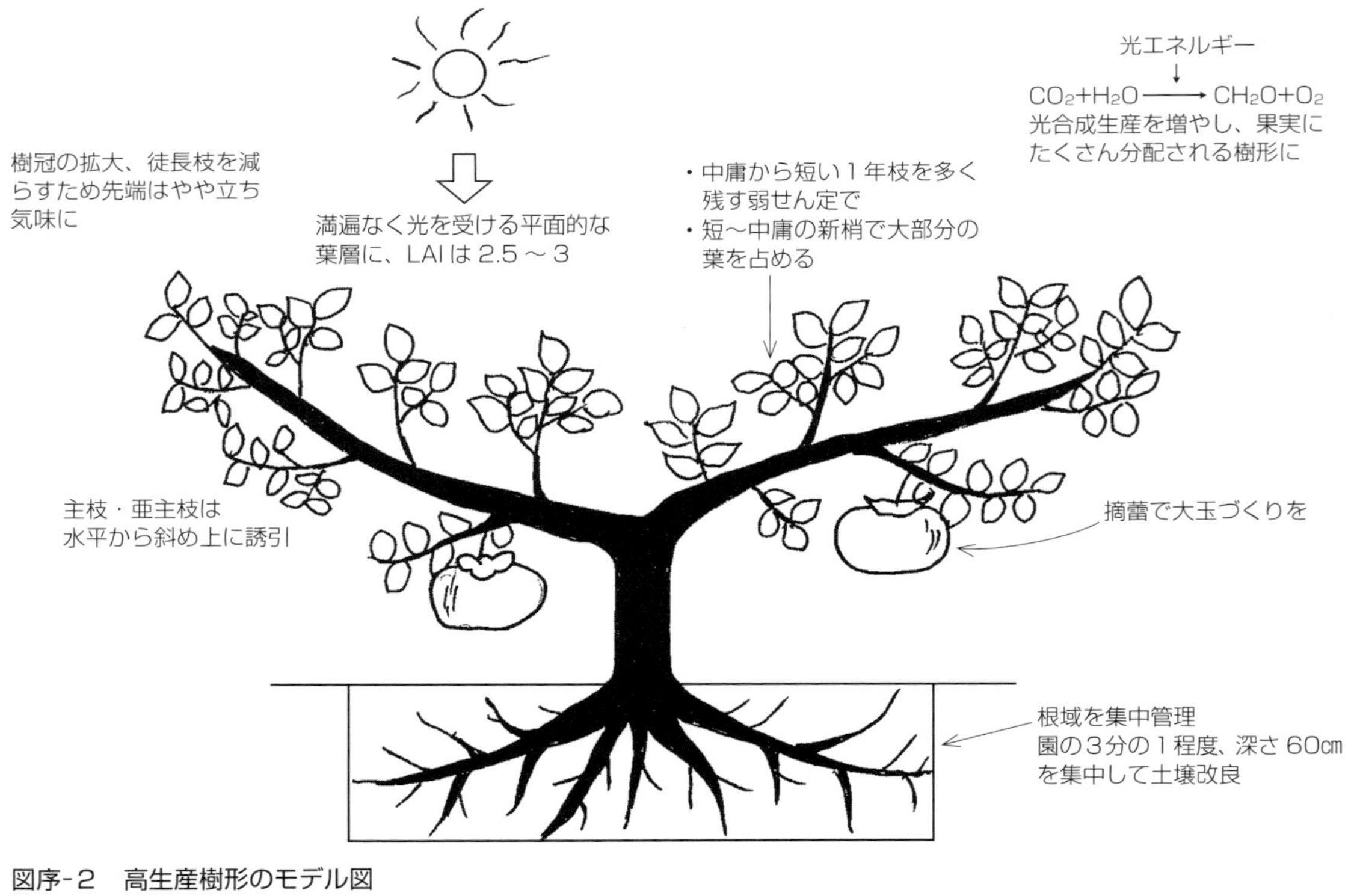

光エネルギー
$CO_2+H_2O \longrightarrow CH_2O+O_2$
光合成生産を増やし、果実にたくさん分配される樹形に
樹冠の拡大、徒長枝を減らすため先端はやや立ち気味に
満遍なく光を受ける平面的な葉層に、LAIは2.5〜3
・中庸から短い1年枝を多く残す弱せん定で
・短〜中庸の新梢で大部分の葉を占める
主枝・亜主枝は水平から斜め上に誘引
摘蕾で大玉づくりを
根域を集中管理
園の3分の1程度、深さ60㎝を集中して土壌改良

図序-2　高生産樹形のモデル図

高品質多収を導く物質生産理論

1 物質生産（光合成生産）に基づく高生産の考え方

カキの葉は、太陽光線を利用して葉緑素の中で空気中の二酸化炭素と根から吸収した水により、光合成生産を行なって炭水化物を生産している。その総量が「総生産量」である。このうち樹体が呼吸等により消費する炭水化物量（呼吸消費量）を差し引いたものが「純生産量」である。これが、果実の肥大、新梢、葉、枝、根などの生長に分配される（図①、写真①）。

このため、高収量をあげるには、光合成生産を行なう葉の重なり程度（葉面積指数、LAI）を高品質果実が生産できる程度まで高めて純生産量を増やし、この純生産量を果実により多く分配できる樹形を選び、栽培管理を行なう必要がある。

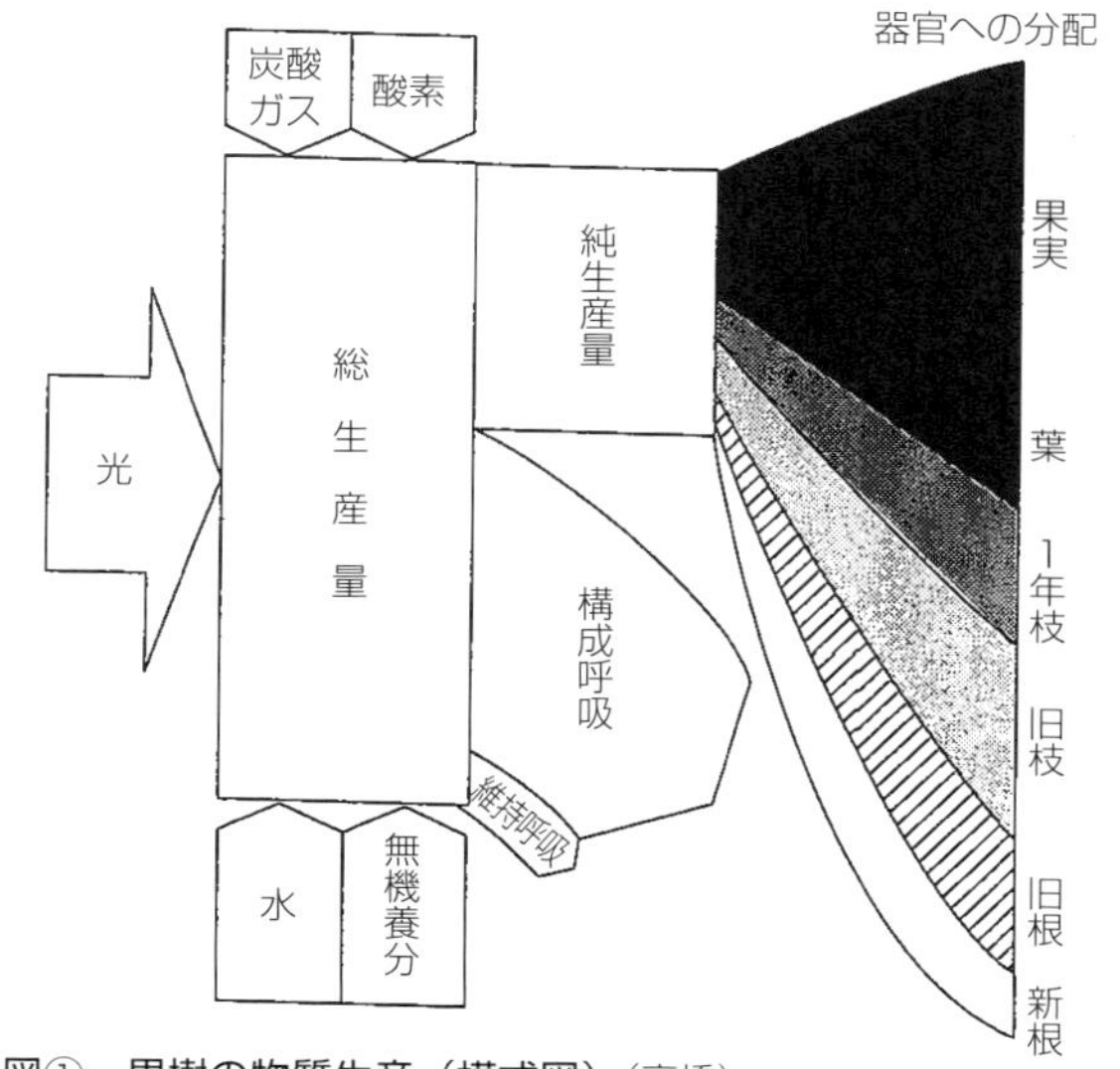

図①　果樹の物質生産（模式図）（高橋）

写真①　西条の地上部から地下部の各器官
上段左から、葉、果実、旧枝（直径5mm以下、5～10mm、10～20mm、20～40mm、40mm以上）
下段左から、新梢、新根（2mm以下）、旧根（2～5mm、5～10mm、10～20mm、20mm以上）、根冠

2 どのような樹が高生産樹か

①樹冠占有面積率、新梢数、LAIの違い

高生産をあげる樹の特徴を明らかにするために、毎年3t／10a程度の収量をあげている「強制誘引開心形」（10年生、83・3本植／10a）と、1～1.5t／10aの収量をあげている変則主幹形の2園（慣行Ⅰ区：7年生変則主幹形樹、46・1本植／10a、慣行Ⅱ区：10年生変則主幹形、30・3本植／10a）を比較した（写真②）。

それぞれの生育を比較すると、樹冠占有面積率（園が樹冠で埋まっている割合）は、強制誘引開心形区が97％でほぼ樹冠で埋まっているのに対し、慣行Ⅰ区は57％、慣行Ⅱ区は35％の占有にとどまっていた。

新梢数は、強制誘引開心形区が6万9000本で慣行区の2倍程度と多かった。

LAIは、強制誘引開心形区が4と高く、慣行Ⅰ区が2.5、慣行Ⅱ

区も1.1と低かった。収量では強制誘引開心形区が3.4t／10aと慣行Ⅰ・Ⅱ区の2倍以上であった。果実品質も、強制誘引開心形区が慣行区よりやや優れた（表①）。

②純生産量と分配率

この収量差などを明らかにするために、根を含めた樹全体を解体して純生産量（年間の光合成生産量、乾燥させて水分をとった重さ）や分配率（純生産量が各器官に分配された割合、後述）を調べてみた。

その結果、純生産量は、強制誘引開心形が1340kgと慣行Ⅰ区より1.3倍、慣行Ⅱ区より2倍多かった。分配率についてみると、果実へのそれは強制誘引開心形区が43％と慣行Ⅰ区に比べ16％高く、逆に旧枝と旧根への分配率は強制誘引開心形区が慣行区に比べ低かった。

以上から、高生産樹である強制誘引開心形は、園が葉で埋まってLAIが4程度と高いため純生産量が多く、そのうえに旧枝や旧根の分配率が低いため果実への分配率が高まり、収量が多くなったうえに品質もよかった（表②）と考えられる。

3 物質生産と葉面積指数

①葉面積指数（LAI）とは

カキ園では1枚の葉ではなく、「葉群」と

写真②　LAIの異なる収穫直前の3樹
上は、収量3.4t/10aの強制誘引開心形樹でLAIは4、中と下は1～1.5t/10aの変則主幹形樹で、LAIは2.5と1.1と低い。中の樹は新梢がよく伸びて樹勢が強い。下は落ち着いているが空間が空いている

表① カキ西条の強制誘引開心形と慣行栽培の生育状況と収量の比較

整枝法	樹齢（年）	樹冠占有面積率（%）	平均新梢長（cm）	10aあたり 新梢数（本/10a）	葉面積（㎡/10a）	LAI	純生産量（kg/10a）	果実分配率（%）	着果数（個/10a）	収量（kg/10a）
強制誘引開心形	10	97.0a[z]	13.5a	69,944a	4,005a	4.0a	1,339.7a	43.1a	16,466a	3,386a
慣行Ⅰ	7	56.7b	21.1b	31,374b	2,499b	2.5b	1,068.0b	26.4c	7,648b	1,550b
慣行Ⅱ	10	35.1c	10.0a	28,785b	1,122c	1.1c	699.5c	35.2b	7,353b	1,159b

z 異符号間には、Tukeyの多重検定により5％水準で有意差あり
植栽本数は強制誘引開心形区：83.3本、慣行Ⅰ区：46.1本、慣行Ⅱ区30.3本

表② カキ西条の強制誘引開心形と慣行栽培の果実品質の比較

整枝法	1果重（g）	果色[y]	硬度（kg）	糖度（%）
強制誘引開心形	206.6a[z]	4.2a	2.1ab	17.9a
慣行Ⅰ	218.4a	4.1a	1.4a	16.7a
慣行Ⅱ	165.3b	3.5b	3.6b	16.7a

z 異符号間には、Tukeyの多重検定により5％水準で有意差あり
y 西条専用カラーチャート値

して光を受け止める。この葉群の状態を表す言葉として「葉面積指数」（LAI、葉の重なり程度）がある。LAIは単位土地面積あたりの葉面積の比率で、土地面積1000㎡に葉面積が1000㎡あればLAI1、2000㎡でLAI2となる。一般のカキ園では1～2が多い。

②適正な葉面積指数

LAI1～4の範囲内では、LAIが高くなるにつれて純生産量が増加するが、これ以上となると葉が過密になりすぎて増加しない。平核無、富有、西条を超密植栽培で植えて物質生産が最大となるLAIを求めると、葉がもっとも小さい平核無で6程度、やや葉の大きい富有と西条が5程度であった。

下葉の黄変、枝の枯れ上がりや果実生産を無視すればLAIは5～6まで高めることができる。しかし、高品質な果実を連年多収することを目的とすれば、適正なLAIも自ずと規定される。

実際のLAI、樹冠占有面積と収量との関係をみると、先ほども述べたように収量はLAIと樹冠占有面積率とも高くなるにつれて増加し、LAI4程度、樹冠占有面積率が90％以上で収量は3t／10aとなった。最適LAIの範囲内では、LAIが高く、園が樹冠で埋まっているほど収量は高いのである。果皮の黄色い西条では、LAI3～4で葉の黄変もなく、3t／10a程度の収量が得られることから、このあたりが西条の最適LAIと考えられるが、実際は、作業性や農薬の付着程度などを考慮しLAI3程度がよいと考えられる。一方、着色を重要視する富有などでは、着色のよい果実を生産するため若干低めの2～2.5のLAIがよいと考えられる。

また、園地の物質生産を増やすには、空いた空間はできるだけ少なくし、最適LAIの葉層をできるだけ均一にして太陽光線をあてることが重要である。これにもっとも適した仕立ては樹冠の下から作業できる棚仕立てと考えられ、棚ができない場合は、棚仕立てに近い開心形がよいと考えられる。

4 果実分配率を高める枝管理

①樹体生長と果実生産のバランスも大事

カキの年間の純生産量は1000kg／10a前後である。この純生産量は、果実、葉、1

年枝、旧枝、旧根、新根に分配されて樹体の生長や果実生産に使われる。その分配の割合が、先ほども述べた分配率である。純生産量のうちできるだけ多く果実に分配されるほど収量は多くなるが、樹体の生長などにも分配しないと、その年の光合成生産や生長を妨げる。

②果実分配率を高める主枝の誘引

カキの場合、果実分配率にもっとも影響しているのが旧枝への分配率であった。強制誘引開心形の旧枝の分配率は15％で、慣行1区に比べ11％も低く、これが強制誘引区の果実分配率を高めた大きな原因と考えられる。

写真③のように、1年枝の誘引角度を地面に対して垂直から水平になるほど新梢数が増加し、平均新梢長が短く枝の太りが少ない。強制誘引開心形は慣行に比べ、若木から主枝を水平から30度程度に誘引して樹形をつくるが、慣行区は60度くらいに立ててつくる。この主枝を水平近くに誘引することが旧枝の分配率を下げ、果実分配率を高める要因と考えられた。

③果実分配率を高める新梢管理

比較調査を試みた慣行区の新梢長は、平均21㎝とそれほど長くなかったため果実分配率に及ぼす影響は小さかったが、もっと新梢長が長く、樹勢の強い樹の場合は大きな影響が出る。

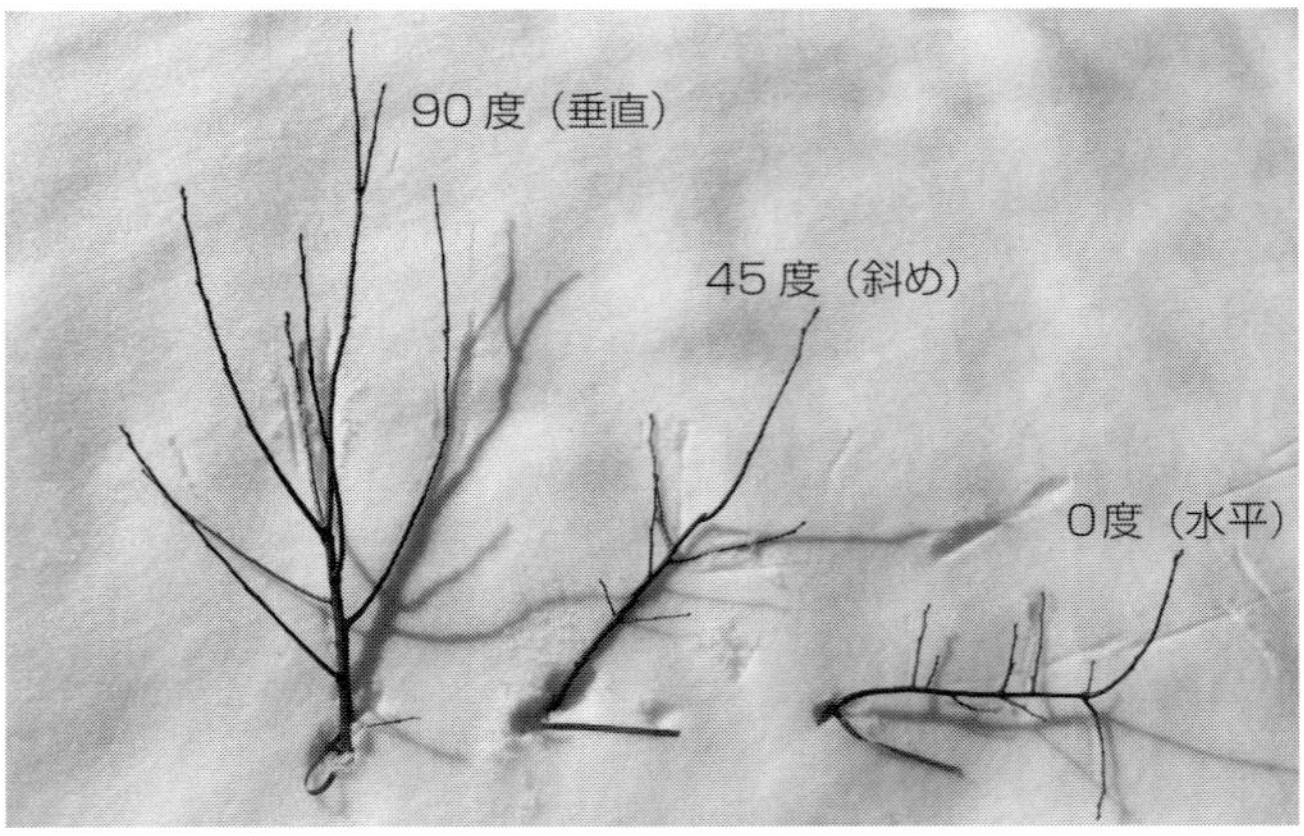

写真③　母枝の誘引角度を変えて新梢の出方を見たもの
地上部に対し水平にするほど新梢数は増え、その長さも短くなる。太りも少ない

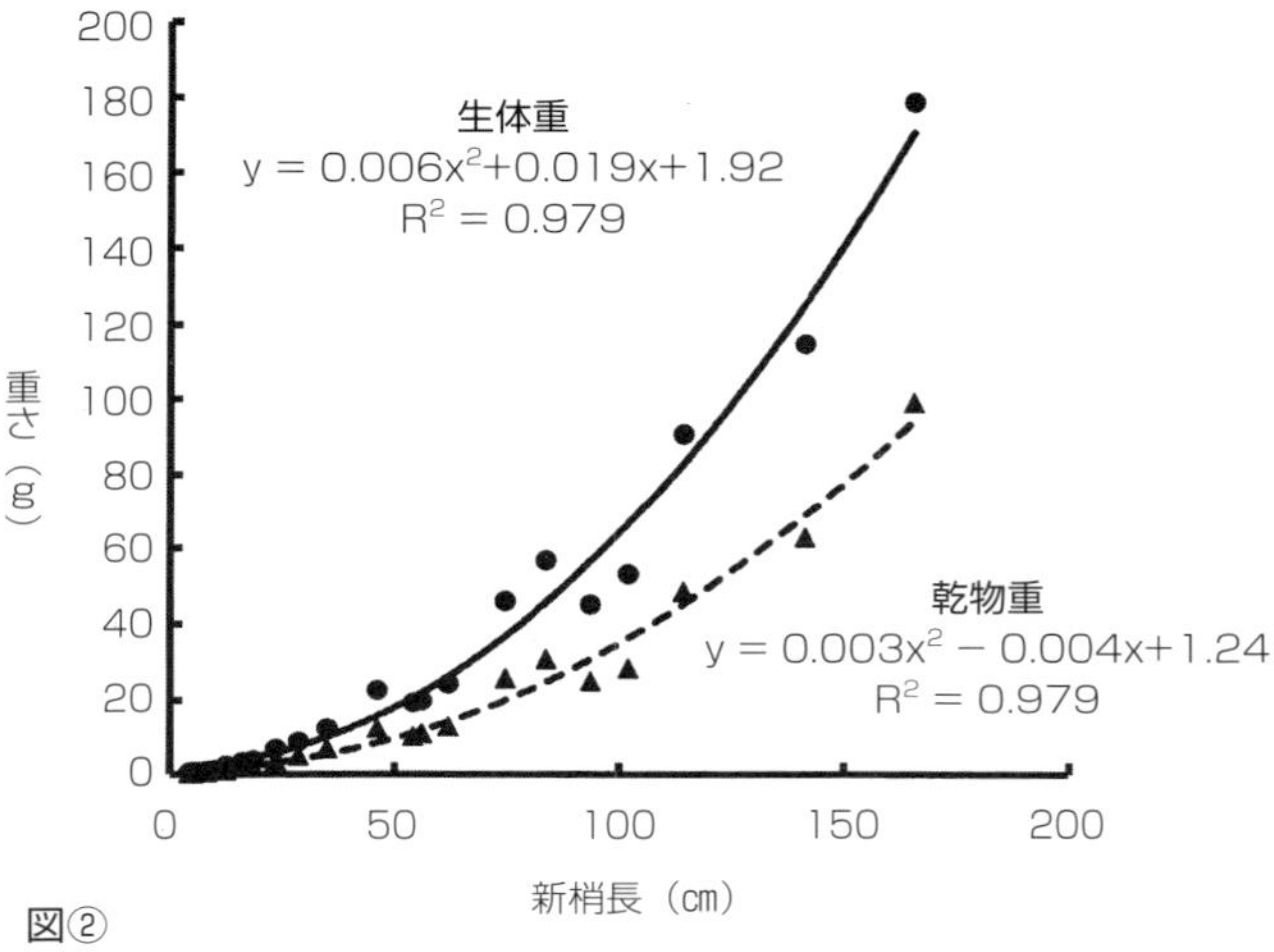

図②
新梢が長くなるほど乾物重が増加、より多くの養分を消費することに
（品種は西条、1996年）

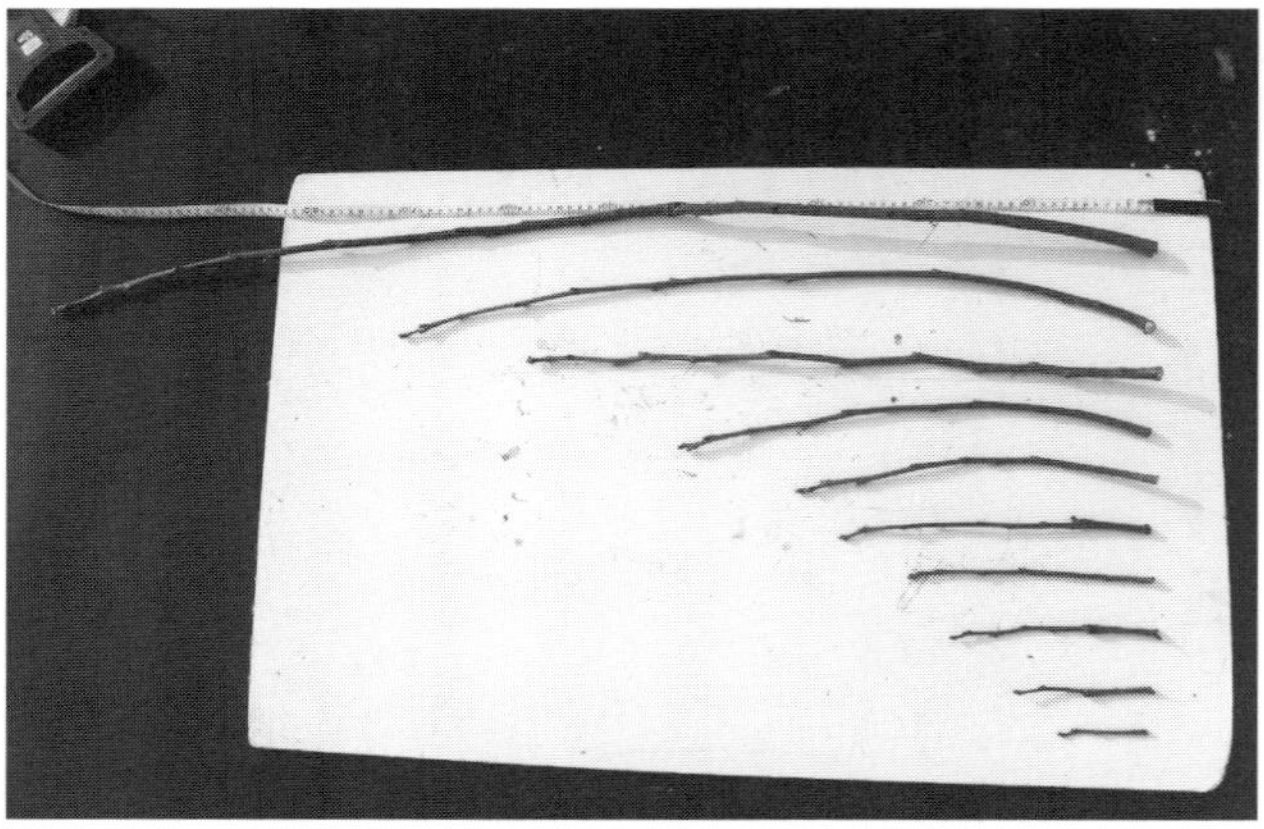

写真④　長さの異なる1年枝（10～120㎝、品種は富有）
長い枝ほど太く、果実生産効率が悪い。写真のもっとも長い枝は2次伸長している

カキの新梢は、長くなるにつれて乾物重が2次曲線を描いて増加する（図②）。つまり長い新梢ほど茎にとられる養分が多くなり、果実生産効率の悪い枝となる（写真④）。例えば、長さが20㎝と100㎝の茎乾物重を比較すると、前者が2.4gであるのに対して後者は30・8gもあり、長さでは5倍しか違わないのに乾物重は13倍も違う。このことが果実分配率に大きく影響を与えている。このように、強勢な新梢は遅くまで生長が続き、乾物重も多いので、せっかく生産された糖の多くが、葉や新梢の生長に分配され、果実への供給が不十分になる。逆に、短い新梢は、光合成生産された糖が茎などに分配されるのはわずかで多くが果実に分配される。光合成生産上、効率のよい枝となる。

また、長さの異なる新梢の葉面積拡大を比較すると（図③）、24㎝の短い新梢は開花期の5月下旬にほぼ終了するが、47㎝では6月中旬、60㎝で6月下旬、87㎝では9月まで拡大を続ける。このように短い新梢ほど葉面積の拡大が早期に完了し、成葉として機能する期間が長い。カキの収量を高めるためには、成葉になるのが早く、果実生産効率の高い50㎝以下の新梢の割合を高め、早期に葉面積指数を確保して、果実分配率を高めることが必要である。

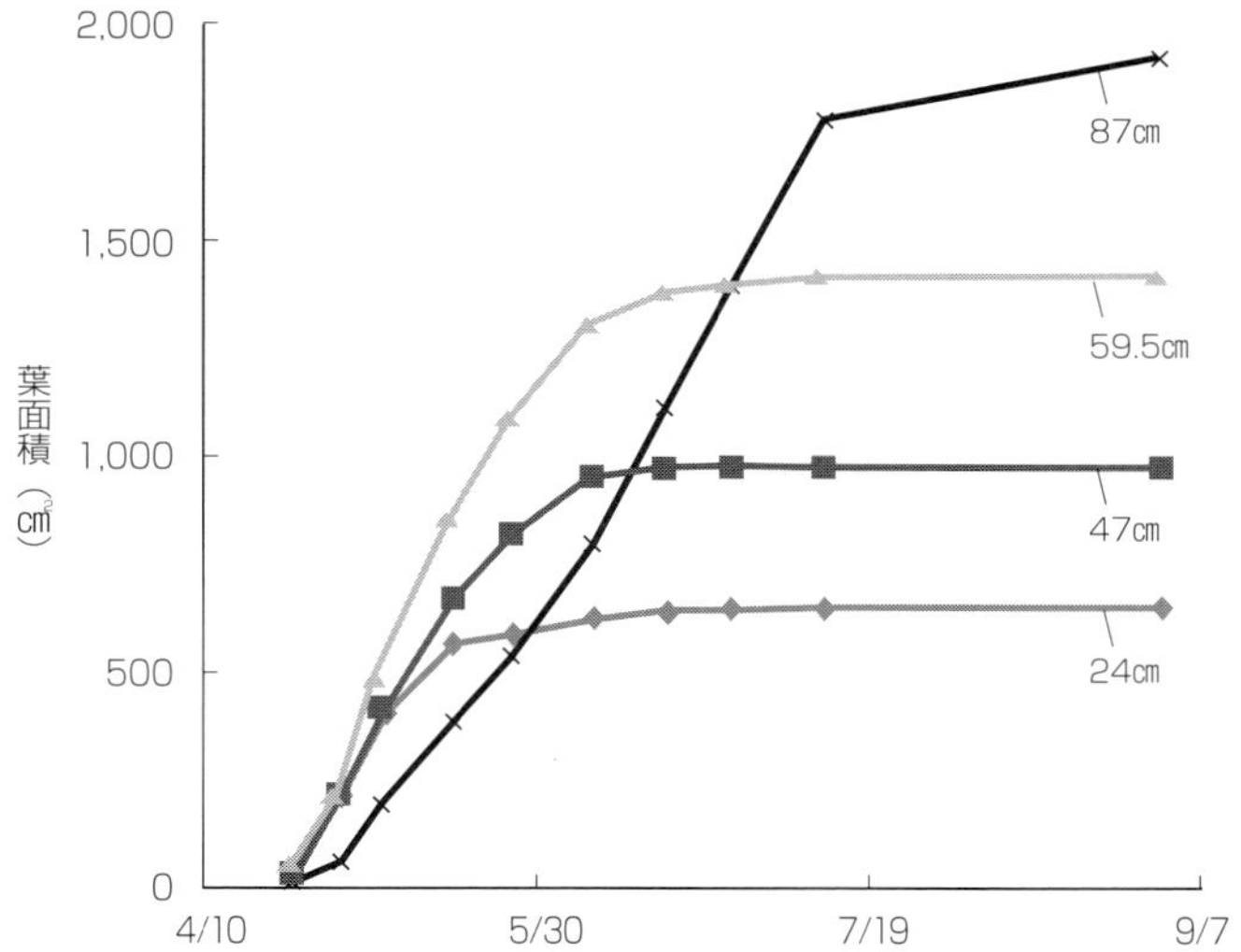

図③　短い新梢ほど葉面積拡大が早期に完了し、成葉として機能する
（品種は富有、2016年）

写真⑤　収穫期の富有園
主枝の角度は水平からやや立ち気味、新梢は中庸で徒長枝の発生も少なく、ほぼ園が樹冠で埋まっている

カキ栽培のおもな用語

完全甘ガキ　種子の有無に関わらず、樹上で成熟すると渋みがなくなり甘ガキとなる品種。富有、次郎など。

不完全甘ガキ　種子の数が多いと、種子の周りに褐斑（いわゆるゴマ）ができて樹上で渋みがなくなって甘ガキとなるが、種子の数が少ないと成熟果でも渋みが残る品種。西村早生、禅寺丸など。

不完全渋ガキ　種子があるとその周りに褐斑ができるが、種子が多くても果肉の一部は渋みが残り、渋ガキとなる品種。平核無、甲州百目など。

完全渋ガキ　種子の有無に関係なく、つねに渋いままで果肉に褐斑を生じない品種。西条、愛宕など。

樹冠、樹冠占有面積　枝や葉などが伸びて占めている空間とその面積。

主幹　樹体の中心となる枝、地表から最上段の主枝発生位置までをいう。主幹長が長いと樹高が高くなりやすい。もっとも地面に近い主枝は30〜50cmで出すと作業がしやすい。

主枝　主幹から直接発生する枝で、幹についで太い骨組みとなる枝。開心形では2〜4本の場合が多い。

亜主枝　主枝から分岐した主枝に次ぐ太い枝で、主枝断面の側面〜側下面から発生させると樹高が下がりやすく作業もしやすい。

側枝　結果部を構成している枝で、結果枝、結果母枝をつける。亜主枝などと異なり、3〜5年程度で更新される。

新梢、徒長枝　新梢は当年発生した枝。徒長枝は、新梢中でも主枝や亜主枝の上部などから発生した生育旺盛なものをいう。

結果枝（1年枝）　花芽をつけて開花結実する枝をいう。長さによって長果枝、中果枝、短果枝に分けられる。

結果母枝（1年枝）　前年生長した枝で、当年に花や果実をつける結果枝を出す枝をいう。芽が出るまでは1年枝、発芽した後は2年枝になる。

花追いせん定　優良な結果母枝を側枝の先端付近にのみ配置することで、年とともに側枝が長く基部近くには結果母枝がなくなるようなせん定のこと。

芽かき　春先に主枝や亜主枝などの不定芽から新梢がたくさん発生する。このうち結果母枝や側枝とするものを残し、他のものはせん除すること。

ねん枝　強勢になりやすい新梢を、側枝候補枝や結果母枝とするためにねじり曲げること。ねじった部分の細胞の一部が壊れることで生育が抑制される。

誘引　ひもなどを使って枝の方向を変えることや枝を吊り上げること。

摘蕾・摘果　摘蕾は開花前に蕾の数を制限すること。摘果は、生理落果が終了した7月中下旬に最終の着果量を調節するためにいらない果実を摘むこと。ともに大玉で高品質な果実を生産するだけでなく、花芽分化を促進し、隔年結果を防止して連年安定した生産をするために行なう。

隔年結果　1年ごとに成り年と

成らない年を繰り返すこと。

生理落果　果実が自然に落果する現象で、樹体を健全に維持するために樹が着果量を自然調節する現象。前期落果は開花後10～20日頃に、後期落果は収穫1カ月前頃から成熟期にかけておきる。

葉果比　果実1個あたりの葉数比。商品価値のある果実を生産するために摘果時に設定する。適正な葉果比は、果実の大きさ、熟期、受光環境によって異なる。

単為結果力　種子ができなくても結実する力。摘蕾をしっかり行なうと残った花蕾へ養分が十分に供給されて単為結果力が向上し、生理落果が少なくなる。

種子形成力　果実の中に種子をつくる力である。富有などでは、開花期に降雨が続いて種子が入らないと生理落果が増加する。

環状切皮（スコアリング）処理、環状剥皮（リンギング）処理　ノコギリやナイフなどで師部に達する切れ込みを入れ、養分の流れを一時的に遮断すること。

摘葉処理　着色始めに果実に直接触れている葉を摘むこと。着色不良や葉の蒸散により破線状の汚れが発生するのを防ぐ。

果面障害　収穫前後の果実の表面に破線状、雲形状、黒点状などの黒変が発生する症状で、汚損果とも呼ばれる。

へたすき果　果実が成熟期に近づき、果実基部のへたと果肉部の結合部で一部分に偏った隙間が発生する現象。

樹上軟化　品種により収穫前や収穫期間中に果実が未熟のまま着色が異常に進み、樹上で軟化すること。果皮が軟らかくなり、収穫中または収穫後に果皮が破れて水分の多い果肉が出てくる。

カキタンニン　成分はプロアントシアニジンのポリマーで、成熟した渋ガキには1～2％含まれて強烈な渋みを有する。

脱渋　カキの渋みは、果肉の中にある可溶性のタンニン物質が舌のタンパク質と結びつき細胞を麻痺させるためにおこる。このカキタンニンが、水に溶けない不溶性タンニンに変化すると渋みはなくなる。この過程が脱渋である。

樹上脱渋（へた出し袋かけ、貼り付け方式）　樹に果実をならせたまま固形アルコールなどで渋を抜き、その後完熟させてから収穫する方法で、収穫直後に食べることができる。刀根早生、平核無、太天、太月などで行なわれている。

干し柿・あんぽ柿　収穫後すぐに食べることのできない渋ガキは、皮をむいて乾燥させることで渋を抜くことができる。干し柿は二つのタイプがあり、水分含量の少ない干し柿（ころ柿、水分20～30％）と半生タイプのあんぽ柿（40～50％）がある。

計画密植栽培　植え付け当初に間伐を見込んで、永久樹の2～3倍の苗木を植え付けて、初期収量を高めて樹冠の拡大に応じて間伐を行ない、つねに適正な樹冠間隔を保ちながら増収を図っていく方法である。

根域集中管理　樹の植え穴とその周囲部（全園の3分の1程度）を集中的に土壌改良し、根をその部分に増やして、施肥や灌水もその部分のみ行なうこと。このような肥培管理により施肥効率が高まり、土壌管理労力も減少する。

基本編

第1章

開園・植え付けと若木の管理

年平均気温、強風や湿気などで適地判断。樹形は、低コストで高生産可能な強制誘引開心形か、Y字棚がよい。その若木養成、管理ポイントは？

❶ カキの適地と土壌改良

●生育適地とは

カキは永年性果樹であるので、園地を選定する場合は、気象的に日あたりがよくて、強風があたりにくく、遅霜が降りない場所がよい。地形的には、作業がしやすい平坦地またはゆるやかな傾斜地がよく、土壌は排水がよくて水分変化の少ない、やや粘土を含んだ肥沃なところがよい。ただ、このような完璧な適地はほとんどない。そこで、強風を受けるところでは防風ネットの設置をしたり、排水の悪いところは暗きょ排水を設置したりするなど人為的に改良できるかどうかを、経営面からも検討して園地を決定する。

●気象条件からみた適地

①甘ガキの栽培は夏の平均気温25℃以上で

栽培品種は、その地の年平均気温、夏の平均気温や冬の低温などで決める。

富有などの完全甘ガキは、夏の平均気温で栽培できるかどうかを決定する。甘ガキは開花後の肥大初期から甘いわけではない。渋みを感じさせる可溶性タンニンが6月下旬から7月下旬の間に減少して甘くなるのだが、高温ほど速やかに減少する。富有の場合、脱渋に必要な温度は25℃程度といわれており、それ以下では渋みが残る。主産地の岐阜や奈良県の7、8月の平均気温は25℃以上で、完全に可溶性タンニンは消失し脱渋する。しかし関東以北では、25℃以下の冷夏の年で渋が残る。近年の地球温暖化で平均気温は上昇しているが、甘ガキを植え付けるかどうかは、気象庁の年平均気温や4～10月の平均気温のデータから判断する（表1-1）。

渋ガキは人為的に脱渋するので、生育に対する温度の影響のみ考慮すればよいが、致命的な極低温となるマイナス15℃前後の場所での栽培は避ける。

②遅霜、強風、湿気に注意

気象災害のなかで、とくに春先の晩霜と強風には注意したい。

春先の発芽期から展葉期に晩霜の被害に

表 1-1　カキ栽培に適する自然条件に関する基準（果樹農業振興基本方針、農林水産省）

	年平均気温	4/1～10/31の平均気温	冬季の最低極温	自発休眠打破のための低温要求量	その他
甘ガキ	13℃以上	19℃以上	－13℃以上	800時間以上	発芽展葉期に降霜が少ないこと 新梢伸長期に強風の発生が少ないこと 最大積雪深がおおむね2m以下であること
渋ガキ	10℃以上	16℃以上	－15℃以上	800時間以上	

遭うと、展葉する芽や葉が褐変し、ひどい場合には樹が枯死する。このため晩霜を毎年受けるような地域では栽培しない。どうしても栽培する場合は防霜ファンを設置する。とくに平核無は、萌芽、展葉期が他の品種より早いので注意が必要である。

また、カキの葉は展葉直後から1カ月ほどは薄く、強風が吹くと傷付いて、光合成機能が大幅に低下する。秋の収穫前は台風などで果実が傷付き落果することがある。そのためつねに強風を受ける場所では栽植を避ける。とはいえ、強風はどの園でも避けることができないので、園の周囲には防風樹や防風ネットを設置する。

さらに、収穫前に太秋、西条などでは結露により果面に条紋などの汚れが発生する。この汚れは湿度が高いところで発生しやすく、川沿いの盆地のような霧が滞留しやすいところはとくに注意する。

天然干し柿産地では、皮むき後に乾燥する必要があるので、乾燥加工場は低温の風がよくあたるところを選ぶ。

●土壌改良は根域を集中的に

カキは深根性の果樹なので、有効土層の深い沖積土や黒ボク土に植え付けるのがよいが、丘陵地に多く分布する有効土層の浅い土壌、山を削った新規造成地や排水不良の水田転換畑などの不良地は、人為的にカキに適した土壌に改良する必要がある。

その場合、排水をよくすることと、園全体ではなく幹の周囲の根域を集中的に改良することがポイントになる。

新規造成園では、植え穴に竹やコルゲート管などを入れた暗きょ排水を必ず設置し、まず排水をよくする。次いで、植え付け時に、縦横1～1.5m×深さ0.6m程度の植え穴を改良して肥沃な土壌にし、その後、永久樹について1～2年をかけて植え穴の周りに堆肥などを入れ、3×3m程度に根域を広げる。こうしてほぼ全園の3分の1程度の面積を改良すれば高生産樹を維持できる根域となる。その後の施肥、堆肥などの施用もこの範囲のみ行なう根域集中管理で、労力やコスト削減を図る。

2 植え付けと苗木の管理

●植え付け間隔

植え付け間隔は樹形や園地の肥沃度など

によって変える。開心形や平棚仕立てでは3～4×4～5ｍの正方植え、または互の目植え、Y字形棚仕立てでは5×2～3ｍとする（図1‐1）。

●植え付け方

植え付け時期は11月下旬から12月上旬の秋植え、または3月下旬の春植えとする。

苗木は地上部の節間がよくつまって充実し、地下部は細根が多く、根傷みの少ないものを選ぶ。植え穴は先述の通り幅1～1.5ｍ、深さ60㎝程度とし（図1‐2）、これに土1㎥あたり新規造成園では完熟堆肥150～200kg（これまで畑であったところは100kg程度）、その上にヨウリン1kg、苦土石灰2kgなどを入れ、土とよく混和して埋め戻し、10㎝くらい盛り上げる（写真1‐1①②）。

苗木は植え付け前に一晩、水に浸けて十分に吸水させる。腐ったり傷の付いた根は、健全な細根が発生している部分まで切り戻しておく。

植え付けの際、根は四方に広げ、深植えにならないようにする。また根を乾燥させないよう、土との隙間をつめて覆土する。植え付けたら、表面に3要素の入った化成肥料30～50g／樹散布し、十分に灌水して、敷き草や稲わらなどのマルチをして乾燥を防ぐ。

最後に、苗木は接ぎ木部より上が50～60㎝残るように切り返し、支柱を立てて2カ所程度結束する（写真1‐1③）。

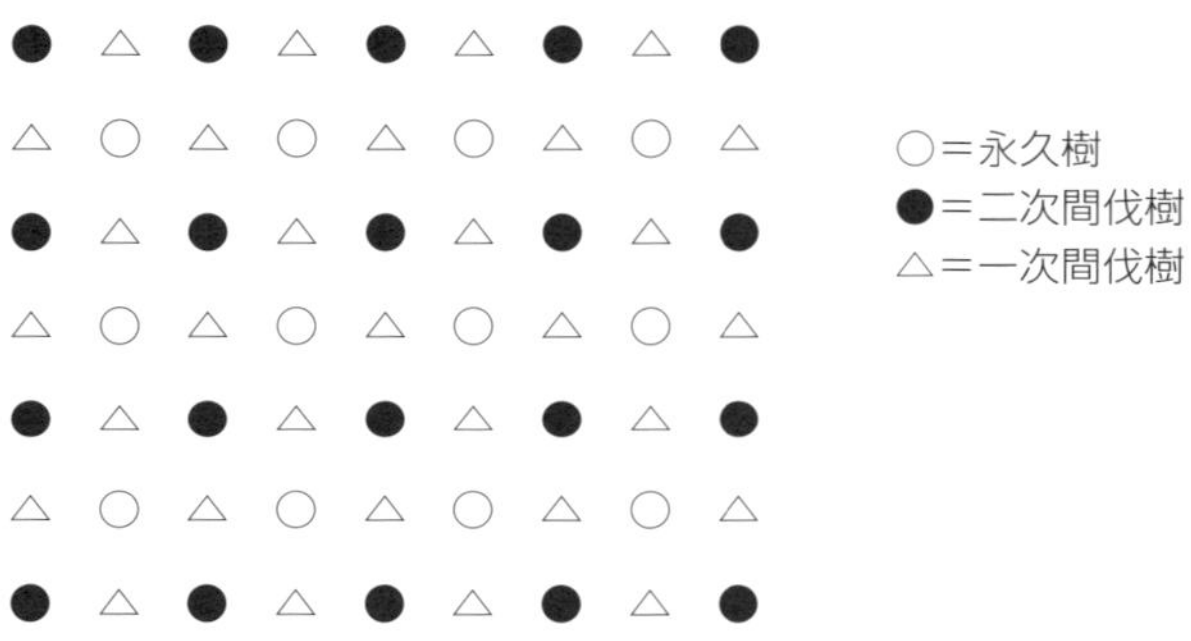

図1‐1　植え付け図（開心形と平棚、4×4ｍ植え）

●苗木の取り扱い

カキは、植え傷みの影響が大きく、他の果樹に比べ1年目の新梢伸長があまりよくない。苗木は丁寧に取り扱わないと、植え付け後の生育に悪影響を及ぼす。

業者から苗木が送られてきたら早く包みから出して、排水のよい土壌に仮植えし、根を乾燥させないようにする。

よい苗木は、品種、系統が確実なもので、

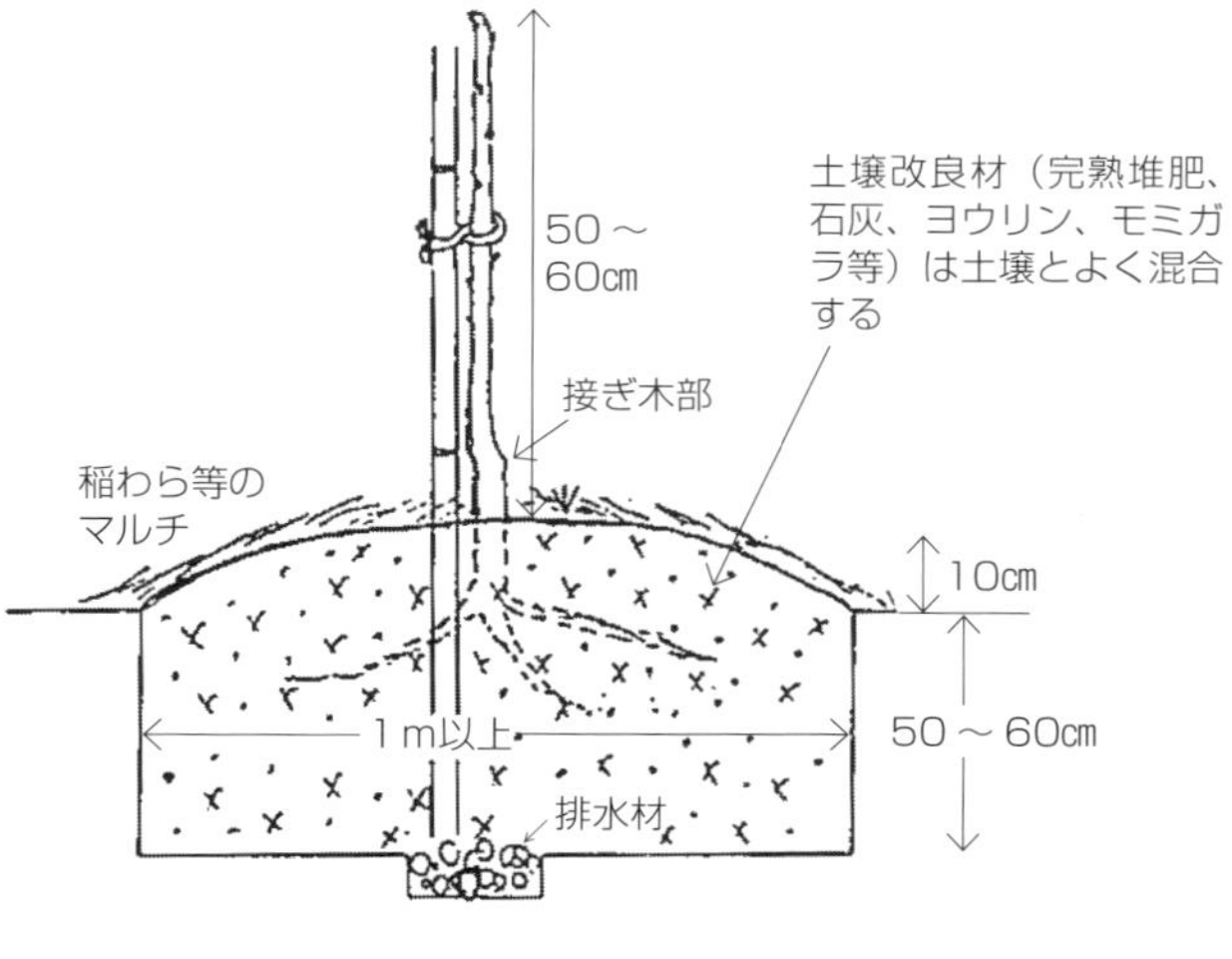

図1‐2　植え穴の土壌改良と植え付け方法

写真１-２　細根の多い苗（左）と少ない苗（右）

写真１-１　苗木の植え付け法
①植え穴の準備
深耕して溝の上に堆肥を置き、土とよく混合する
②植え付ける前に根が地表面に位置するように穴を掘り、支柱を立てて準備しておく
③植え付け直後の状態。２カ所誘引しておく

養水分を吸収する細根が多く（写真1-2）、地上部は枝が充実し、徒長的な伸びをしていないものがよい。２次伸長は多少あっても問題ないが、根頭がんしゅ病、紋羽病などの病害に侵されていないことも重要である。

●受粉樹の選定

受粉樹には、開花時期が早く、雄花の多い禅寺丸、赤柿、正月、サエフジが適当である。開花期が早い西村早生は赤柿が適している。これを植え付け本数の５％程度、10ａあたり３樹ほどを混植する。収穫果実が見込めない受粉樹は、園の周囲が空いているのならそこに植えるとよい。

品種別では、富有、太天は種子形成力が強く、これは逆にいうと単為結果力が弱いので、生理落果を減らすためには受粉を行なう必要がある。西条も、種子があることにより生理落果が減少するので、受粉樹を混植する。太秋は単為結果力が低く、種子数も１～３個と多くないが生理落果の問題はなく、結実性は良好である。

一方、平核無や刀根早生は種子を形成し

ないので受粉を行なわなくてよい。また、次郎は受粉して種子が入ると果頂裂果しやすくなるので、受粉樹を混植しない。他の品種の受粉樹を植える場合は次郎から離れた場所にする。

3 カキの樹形と仕立て

●樹形はどうするか

①カキは高木性だが……

カキは本来高木性で、100年以上の放任樹で樹高が10m以上、ほうき状の大木となることも珍しくない（写真1-3）。この性質を利用して、昔からカキ園では変則主幹形や開心自然形などの立ち木仕立てが行なわれてきた。

②立ち木仕立ての限界

変則主幹形は、カキの直立性を利用して主幹をまっすぐに垂直方向に伸ばし、主枝ができると徐々に主幹を切り下げ、しだいに樹冠を開心形に広げていく仕立てである。開心自然形は、初めから主枝を斜めに誘引して樹冠を開帳するようにつくる仕立てである。これらの樹形は、上手に樹冠を拡大させると高収量が実現できるが、樹高が高くなりやすく脚立での作業が多い。全国のカキ園の多くは15度以上の急傾斜地に立地しており、摘蕾、摘果、収穫、せん定などの作業を、脚立を使ってやっている。作業性が劣るだけでなく、安全性にも問題がある。これからの仕立ては、1m程度の脚立で作業できることが望ましい。

また、立ち木仕立ては成果期に達するまでに10年程度かかる。これでは新たに栽培を始める新規就農者や定年帰農者が、成園並の収量がとれるまで待つことができない。これからの仕立ては、3年目には結実し、5年目から成園並みの収量が上がるものでないと、なかなか取り入れてもらえない。

写真1-3
松江市本庄町の西条の古木（推定300年）

③棚仕立てか低樹高開心形で

物質生産の項でも述べたが、高品質多収が実現でき、かつ作業性のよい樹形は棚仕立てか、それに近い低樹高の開心形と考えられる。

棚仕立てには、平棚とY字形棚仕立て（波状棚）がある。が、いずれも初期投資がかなりかかるが、その後の管理を考えると投資効率は高いといえる。

平棚仕立ては水平な棚面に枝を誘引する方法で、開帳性の富有などは樹冠を広げやすく、つくりやすい。直立性の強い西条などは、主枝や亜主枝、主幹部付近から強い枝が出やすく、主枝や亜主枝を立たせながらつくる必要があるので、平棚ではややつくりにくい。

Y字形棚仕立ては、主幹を斜立させて棚面に誘引するもので、主枝や亜主枝先端が立っているため主幹基部からの徒長枝の発生が少なく、樹冠が広がりやすい。このように樹冠を自然に広げやすく、つくりやすい仕立てなので、開帳性、直立性、両品種とも対応はしやすい。

一方、棚資材は使わず、低コストで棚仕立てと同様の高生産を発揮できる樹形として、強制誘引による開心形がある。これは島根県の篤農家が開発した方法で、主枝を若木から竹などで強制的に誘引し、早期から園を樹冠で埋めて早期多収を図る方法である。初期投資は誘引資材のみで、樹高も2.5m以下に抑えて作業しやすく、新規就農者にはお勧めの仕立てである。

以下、各樹形のつくり方について紹介する。

●強制誘引開心形の仕立て

強制誘引による開心形は、もっともコストがかからずに高生産が可能である。植え付け後2～3年目に主枝を太い竹かパイプなどで誘引する労力はかかるが、うまくすれば1m程度の脚立ですべての作業ができる。

植え付けは、中庸な土壌で4×4m程度の計画的密植とし、樹冠が拡大するにつれて徐々に間伐していく。

樹形のつくり方は次のとおり。

まず苗木を植え付けた後、地上50～60cmでせん定する。発芽した新梢はできるだけ伸ばし、もっとも生育のよい新梢を、まっすぐ北向きに立つように支柱に誘引する。

1年目の冬のせん定時に、最上枝と競合する枝は基部から除く。第1主枝となる最上枝は先端を軽く切り返し、他の枝はそのままにする。

2年目の春から夏にかけて、第1主枝と主枝候補となる新梢を3～4本できるだけ伸ばす。その年の冬のせん定時に、それらの枝を3m程度の支柱を添えて45度以下の角度で誘引する。その際、最上枝（第1主枝）の角度がもっとも急になるようにし、先端は立つようにする。せん定は、各主枝の先端と競合する枝と主枝背面から発生した直上枝をとる程度にし、また主枝の先端は軽く切り返しておく。

3～4年目の春から夏にかけて主枝は先

写真1-4　強制誘引開心形の富有（3年生）

端を上向きに誘引しながらまっすぐ伸びるようにする（図1-3）。亜主枝候補枝は、主枝断面の側面～側下面に出た枝で1主枝あたり4本程度とる。主枝背面から発生した新梢は、ねん枝するか除去する。

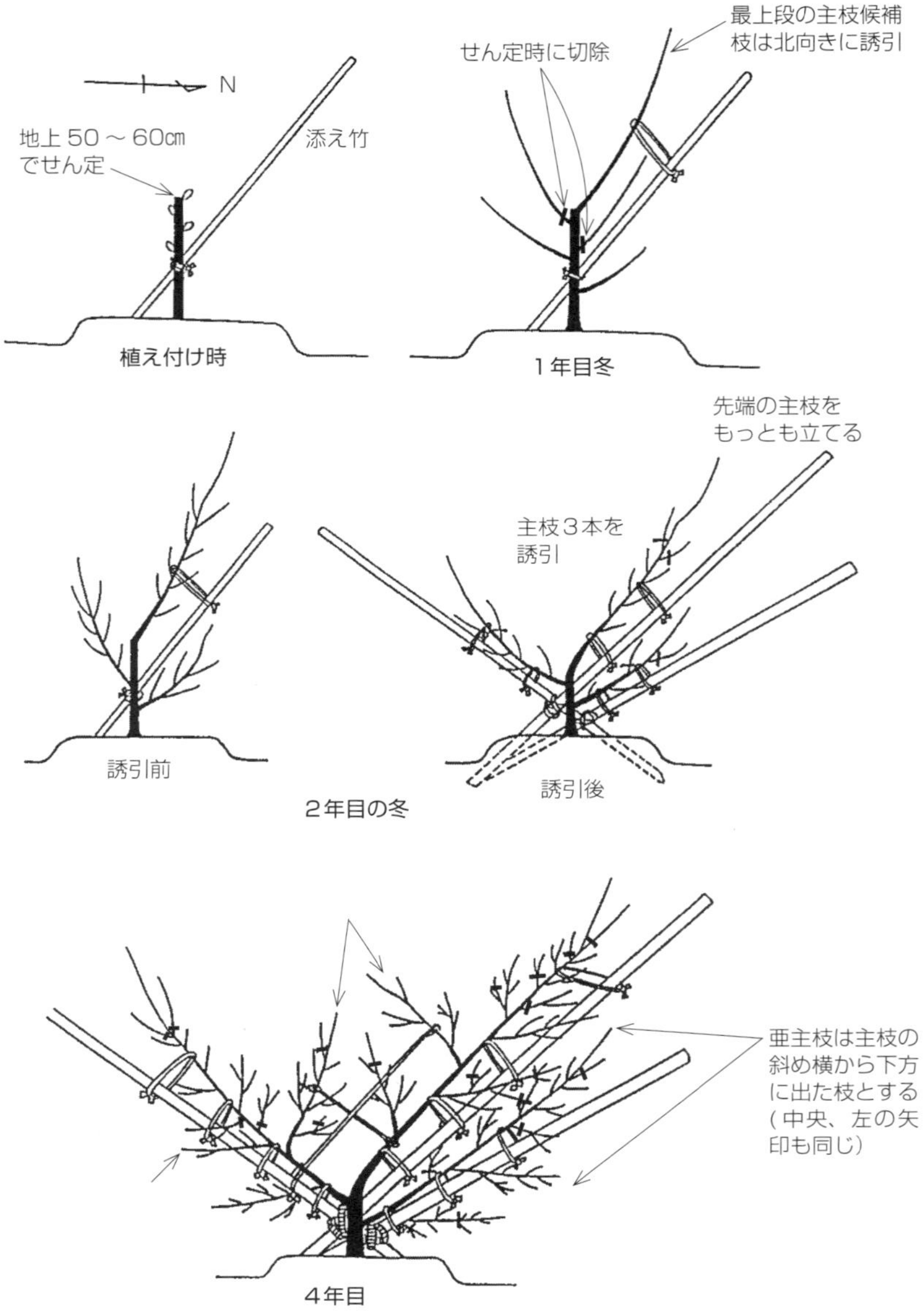

図1-3　強制誘引開心形のつくり方

成木になると主枝は四方に張るようにして、園をできるだけ埋めるようにする。亜主枝は最終的に1主枝あたり1～2本とする。側枝は、結果部が主枝や亜主枝から遠くならないよう適度に更新し、よい1年枝を園内に満遍なく配置する。

●平棚仕立てのつくり方

平棚仕立ては、樹冠面が平らで受光環境がよく高品質多収が期待できる。樹高も低いため、高齢者でも安全に作業できる。しかし、主枝、亜主枝の先端を水平近くに誘引すると、基部から強い新梢が発生して先端が負け、樹冠拡大がしにくい。このため、主枝、亜主枝の先端はつねに立たせながら拡大する必要がある。また、作業するときに手を上げた同一姿勢が多いので、首や肩に疲労が蓄積する欠点もある。

樹形のつくり方は、植え付け時に機械の作業性を考慮して、主枝をとり出す位置を開心形よりやや高くするため、苗木は地上1m程度でせん定する。1～3年目は、強制誘引開心形と同様に3本の主枝を決めて育てる。3～4年目以降、主枝

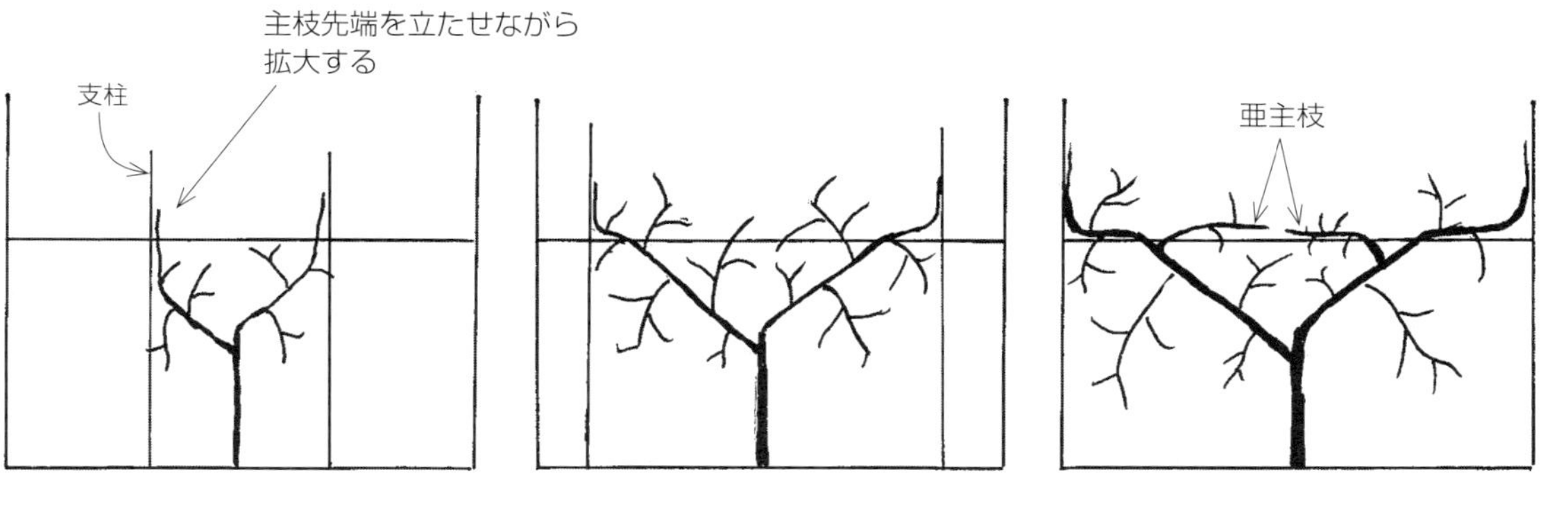

図1-4　平棚の樹冠の拡大方法（3～4年目以降）
主枝の先端は支柱などで上向きに立たせながら樹冠を拡大する
主幹部は空間が空きやすいので棚面近くから出た枝を返し枝として使う

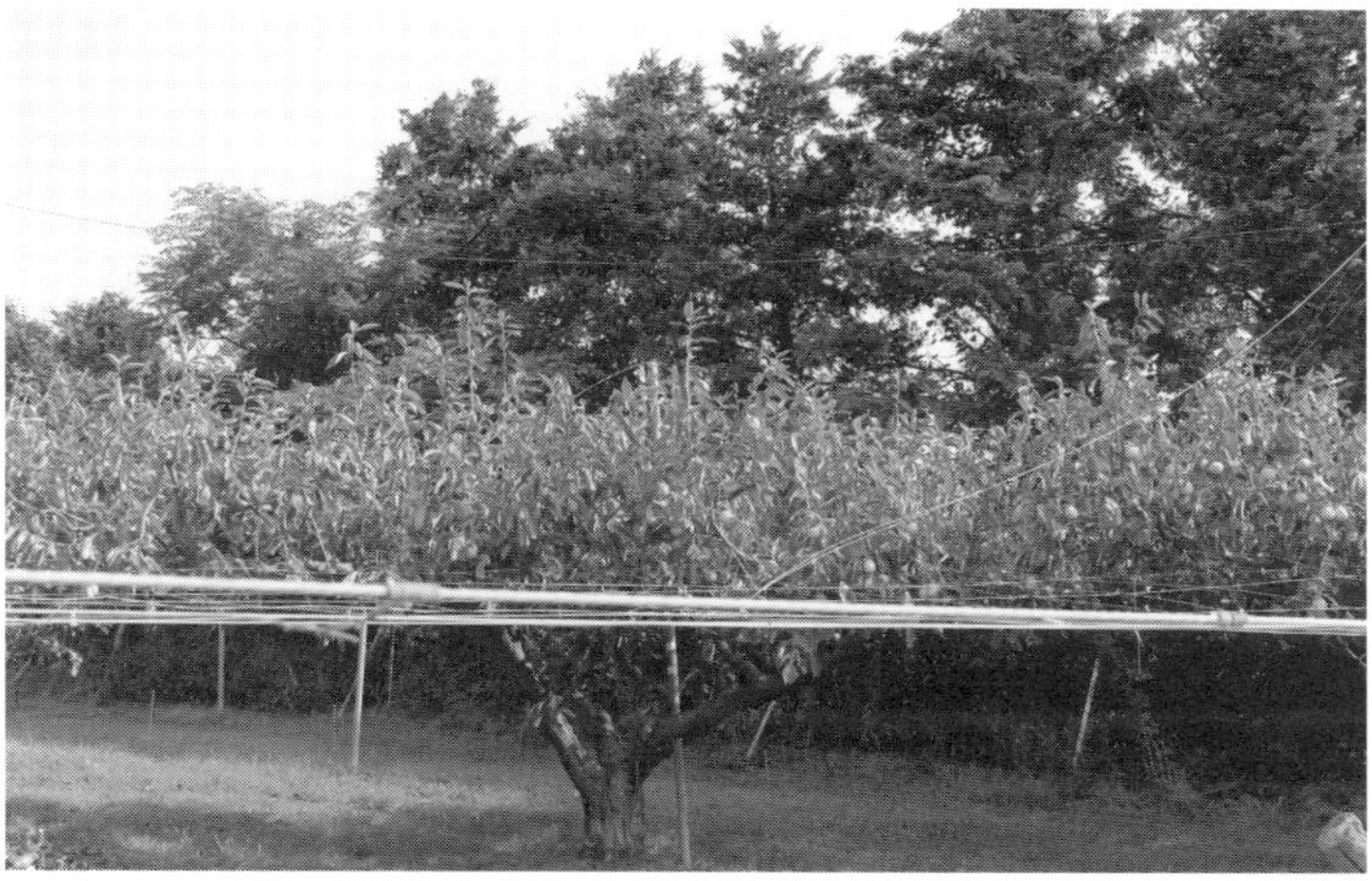

写真1-5　西条の平棚仕立て

の延長枝が棚面に届いたら、主枝の先端の新梢をつねに上向きに立つように支柱をつけて、徐々に棚に誘引する（図1-4）。

また主枝、亜主枝の背面からは徒長枝の発生が多くなるが、ねん枝するか除去するか、あるいは棚面に誘引する。亜主枝候補枝は、横方向に発出したものを1主枝あたり4本程度とり出し、左右に広げる。

成木になると（写真1-5）、主枝と亜主枝先端が負けないように上向きに誘引して、園ができるだけ埋まるようにする。亜主枝は、最終的に1主枝あたり2本とする。また、樹冠内部の幹近くから出た枝はせん除し、棚面近くから出た枝を返し枝として幹近くの空いた空間を埋める。結果部が主枝や亜主枝から遠くならないよう側枝は適度に更新し、よい1年枝を園内に満遍なく配置する。

●Y字形棚仕立てのつくり方

Y字形は、平棚仕立て同様に、受光効率がよく生産性が高い。また主枝、亜主枝がやや斜め上向きに伸びていくので、徒長枝の発生が少なく、新梢管理がしやすく作業も容易である。しかし、棚の費用が平棚よりやや多くかかる。Y字形をつくるには、植え付け時から計画的に行なうのがよい。

①樹形のつくり方

Y字形は並木植えの2本主枝とする。樹形は、2本の主枝を地上40～60cmから高さ

2.5～3ｍのＹ字棚の先端まで、地表面に対して40～60度の角度で伸ばし、連続したＶ字形の棚になるようにする。樹列方向は南北がよい。

樹形のつくり方は、苗木を5×2～3ｍ間隔で植え付け後、地上50～60㎝でせん定する。新梢が20～30㎝伸長した頃、数本の中からもっとも生育のよい新梢を第1主枝とし、まっすぐに立つよう支柱に誘引する。ほかの新梢はそのまま伸ばす。

1年目の冬のせん定時に、第1主枝は先端を軽く切り返し、全長の約半分が棚面につくように寝かせ、その先が上向きになるように支柱を添えて誘引しておく。地上50㎝程度の高さから第2主枝をつくる。第1主枝の反対の方向を向いた、第1主枝径の4分の1程度の太さの枝で、分岐角度が鈍角なものを選ぶ。先端は軽く切り返しておく。

2年目の春から夏にかけ、新梢が伸長してきたら両方の主枝の先端の新梢を、上向きに誘引する。主枝の上面から出た新梢はせん除し、ほかは棚面に誘引する。

3～4年目から、主枝は先端を上向きに誘引しながら徐々に棚につけ形成していく。そして、棚の先端から50～80㎝のところで二股に分岐させる。亜主枝候補枝は主枝の真横～やや下部から発生し、主枝との角度が80～90度、径が主枝の2分の1程度のものを選ぶ（図1-5）。

若木から成木まで永久樹は主枝の先端を2分して伸ばし、棚全面ができるだけ早く埋まるようにする。亜主枝は、成木で1主枝あたり2～4本にする。また、Y字形の主幹の近くから発生した枝は切り落とし、返し枝を用いて結果部位をやや高くする。

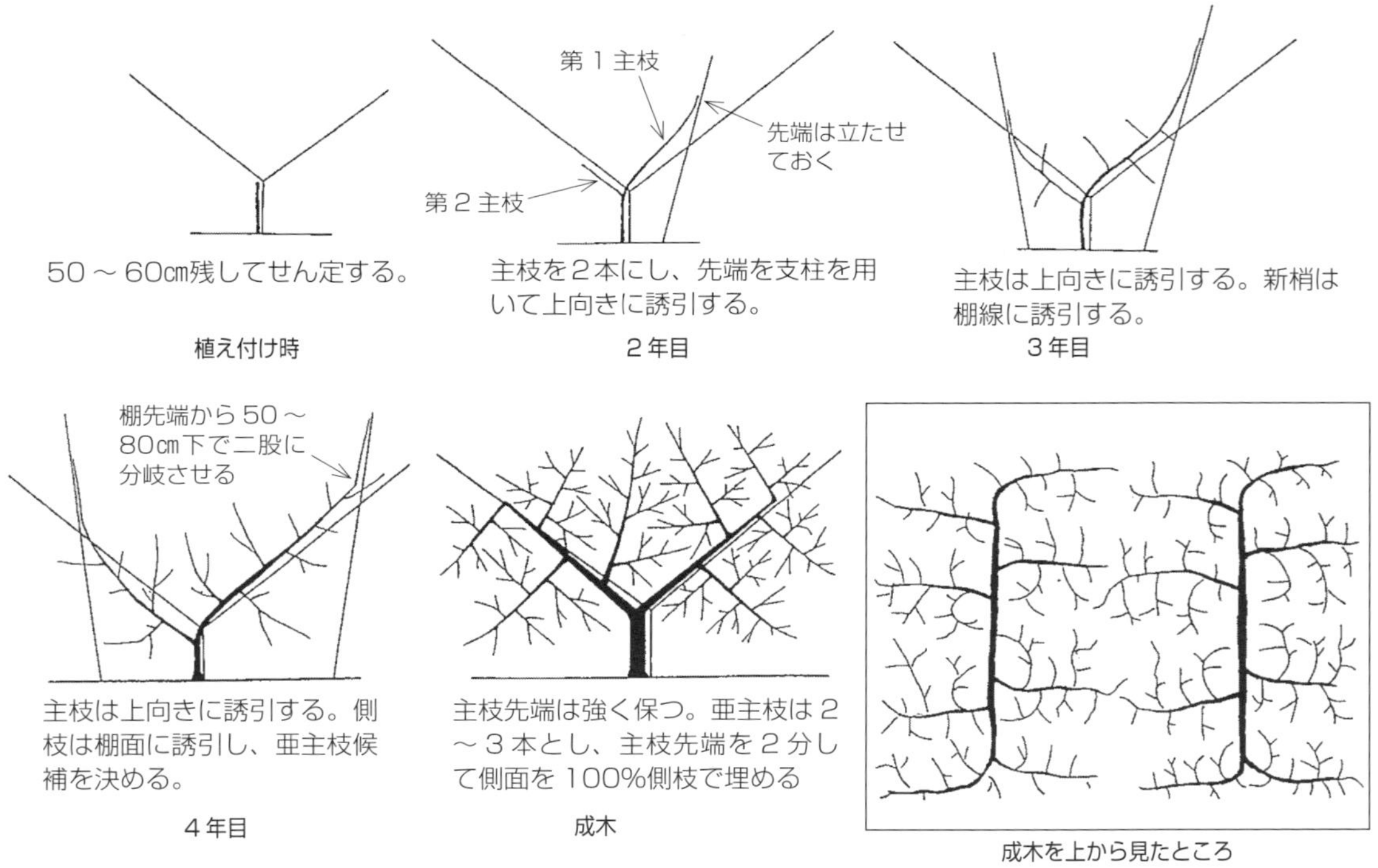

50～60㎝残してせん定する。
植え付け時
主枝を２本にし、先端を支柱を用いて上向きに誘引する。
２年目
主枝は上向きに誘引する。新梢は棚線に誘引する。
３年目

主枝は上向きに誘引する。側枝は棚面に誘引し、亜主枝候補を決める。
４年目
主枝先端は強く保つ。亜主枝は２～３本とし、主枝先端を２分して側面を100％側枝で埋める
成木
成木を上から見たところ

図1-5　Ｙ字形棚仕立ての樹形のつくり方

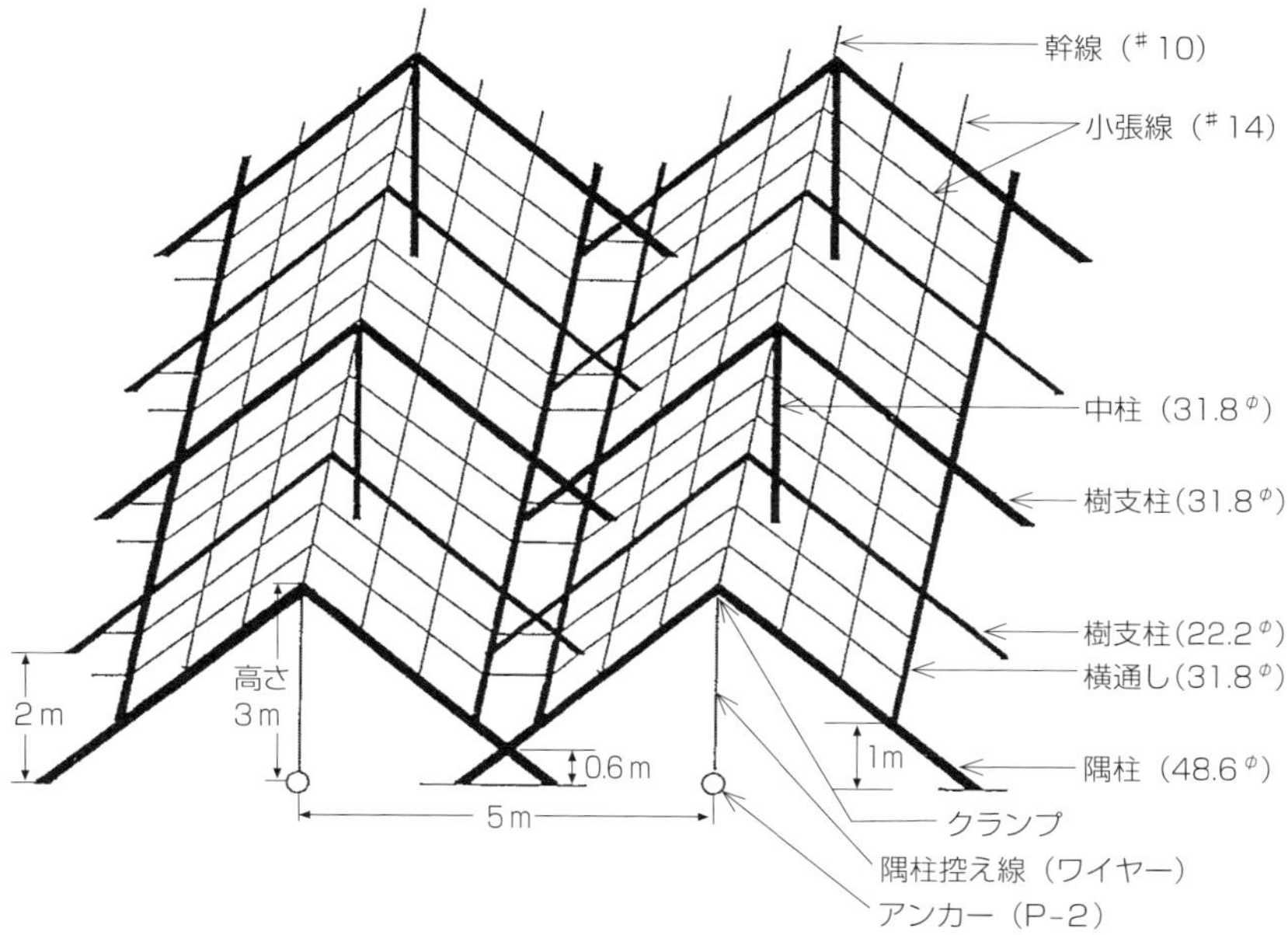

図1-6　Y字形棚

写真1-6　西条のジョイント仕立て

②Y字形棚のつくり方

Y字形棚は、隅柱パイプ2本をX字に地上60cmの位置で交差させ、高さ2.5～3mで交わるように組み、上部の交差部分に幹線を張り固定する（図1-6）。樹の支柱は2～3mおきにX字のパイプ上部と組み、固定する。そして、地上約1mの高さで、隅柱と樹支柱に対して直角となるように横通しパイプをつけ、さらに、縦横に棚線を張ってY字形の棚とする。

●ジョイント栽培もY字形がよい

最近、ナシなどで行なわれているジョイント仕立ては、樹体同士をつなぎ、直線上に結果枝が並ぶため作業動線がよく、省力的なうえ、側枝や亜主枝のバランスがとれて、徒長枝の発生が少ないため、均一な果実が生産できる。

この樹形のつくり方は、主枝の先端を水平に倒して隣の樹の基部に接ぎ木し、連続した樹となるようにする。しかし現在のジョイント仕立ては、作業用通路が空いているため太陽光がムダとなっている。棚面の下で作業できるY字形ジョイントができれば光利用効率も上がり、高収量が実現できると考えられる（写真1-6）。

4 若木養成と管理のポイント

●主枝の発生位置と角度が重要

苗木は植え付け後、できるだけ早く樹を大きくして、園を樹冠で

100％埋めるようにするのが大事である。そのためには、主枝の発生位置は地面から1m以下、発生角度は30～45度で徐々に先端を伸ばして樹冠を拡大するのがよい。45度以上の急角度になると、樹高が高くなるばかりでなく、主枝の材木部の肥大が旺盛となり、果実への光合成産物の分配が少なくなる。また、亜主枝の発生位置も作業性を考慮して地上から1～1.5m程度とし、主枝の横背面から出た枝から選ぶ。

主枝の先端が2m以上と高くなったら、主枝候補枝を主枝の横背面から出た枝で方向のよいものから選び、養成しながら主枝の先端と切り替える。

逆に、主枝が水平近くに下がった場合は、まず上向きに誘引し、先端を上向きの枝と更新する。

●骨格は2～3年目からつくり、早期多収を図る

2年目から新梢が伸びてきたら、第1主枝は光がよくあたるように北向きとし、角度がもっともつくよう上向きに誘引する。第2、3主枝は第1主枝より水平に近くし、3本の主枝が等間隔となるように誘引する。

2年目にすべての主枝ができなければ3年目にも行なう。

●根を大事に―灌水と少量多回数の施肥

樹冠の早期拡大のためには1年目から早く樹を大きくするが、そのうえで重要なのが根を大事にすること。植え付け時から根をできるだけ傷めないよう丁寧に植え、その年は乾燥しないように頻繁に灌水を行なう。

新梢が伸び始めたら、チッソ肥料を中心に2週間に1度程度、8月頃まで30～50g／樹施肥し、同時に灌水も行なう。このように管理を行なうと植え傷みが少なく、早く樹冠が拡大する。

●防風対策をしっかり

植え付け直後の1～2カ月は、新根の伸びが遅い。このため、風が少し強く吹くと葉からの水分の蒸散に根からの水分吸収が追い付かなくなり、枯れることがある。また、風が強いとわずかに伸びた新梢や葉が傷んで、生長を阻害する。

これらを防ぐために植え付けて2カ月程度は肥料袋などで樹の周りを覆う。こうして防風をすると、さらに生長がよい。

（以上、倉橋）

基本編

第2章

カキ有望品種——選び方のコツ

甘ガキ、渋ガキで大別。干し柿用、受粉樹用その他品種も。収穫時期の集中を避け、品種を組み合わせる

1 甘渋による品種分類

●甘ガキと渋ガキ

カキには多くの品種（中国に2000種、日本に1000種、韓国に500種類以上）が存在するが、大きくは甘ガキと渋ガキの2種類に分けられる。さらに、種子の有無による渋みの抜け方によって完全甘ガキ（Pollination-constant non-astringent：PCNA）、不完全甘ガキ（Pollination-variant non-astringent：PVNA）、不完全渋ガキ（Pollination-variant astringent：PVA）、完全渋ガキ（Pollination- constant astringent：PCA）に分類される（図2-1）。不完全渋ガキと完全渋ガキは脱渋をしなければ、生食用として食べることができない。

完全甘ガキ　種子の有無に関わらず、樹上で成熟すると渋みがなくなる。富有、次郎、太秋など。

不完全甘ガキ　種子の数が多いと（3個以上）、種子の周りに褐斑（いわゆるゴマ）ができて樹上で渋みがなくなるが、種子の数が少ないと成熟果でも渋みが残る。西村早生、禅寺丸など。

不完全渋ガキ　種子があるとその周りに褐斑ができるが、種子が多くても果肉の一部は渋みが残る。平核無、太天など。

完全渋ガキ　種子の有無に関係なく、つねに渋いまま。西条、愛宕など。

●甘ガキの地域適応性

①完全甘ガキ産地の年平均気温は14・4〜16・1℃

カキのおもな産地の気温を調べてみると、完全甘ガキ産地の年間平均気温は14・4〜16・1℃、渋ガキ産地では12・7〜16・1℃の範囲に分布している。完全甘ガキは、渋ガキと比べて南の地域で栽培されている。それには完全甘ガキの脱渋特性が大きく関係する。

完全甘ガキは、収穫するまでに樹上で自然脱渋されていなければならない。完全甘ガキの自然脱渋は夏季に大きく進行する（図2-2）。また、自然脱渋には高温も必要である。そして、成熟期の温度が不足す

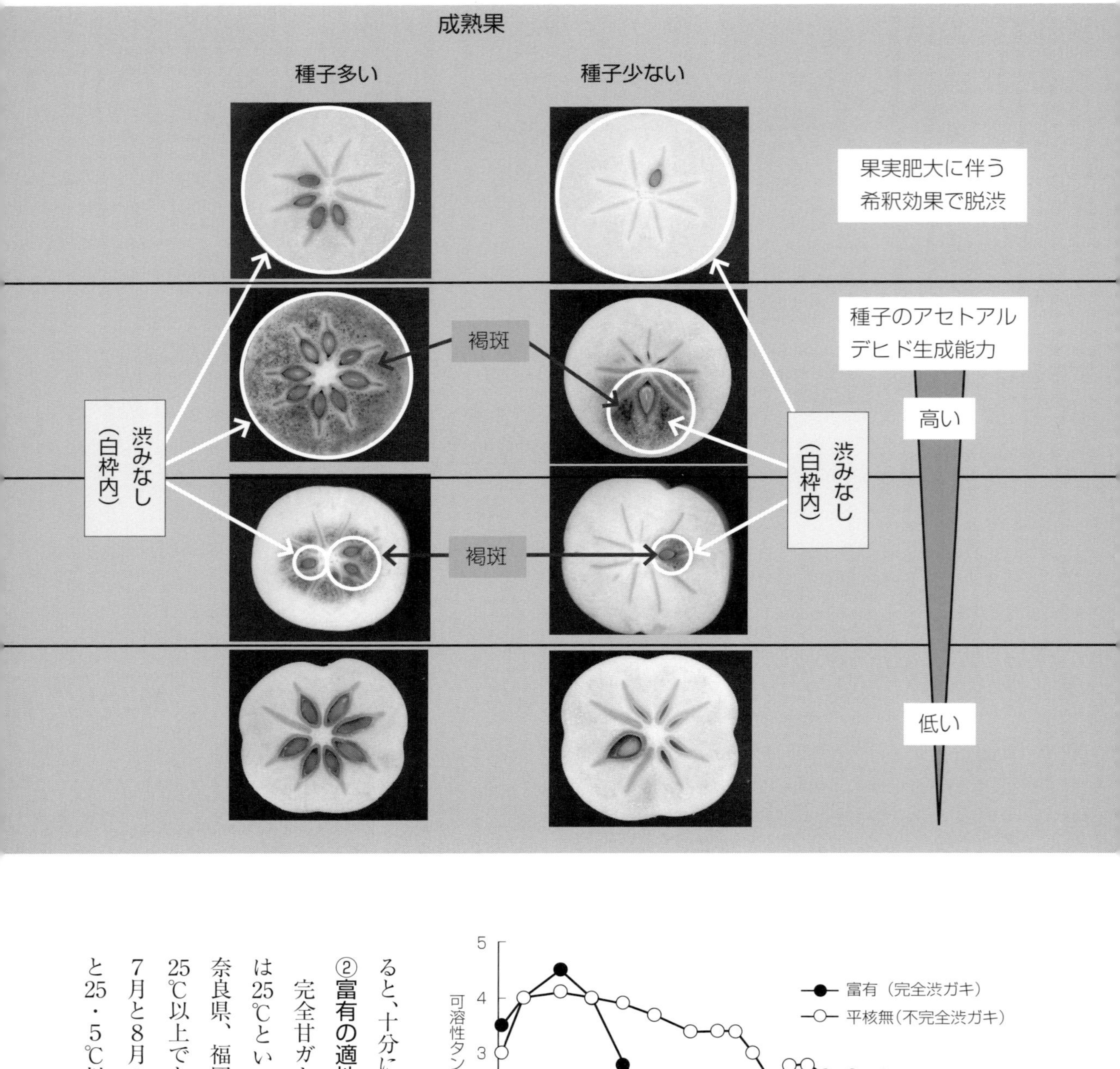

ると、十分に成熟せず脱渋も不完全となる。

②富有の適地は9、10月の平均気温を確認

完全甘ガキの富有で、脱渋に必要な温度は25℃といわれている。主産地の岐阜県、奈良県、福岡県などは、7月の平均気温が25℃以上であるのに対して、渋ガキ産地は7月と8月の平均気温がそれぞれ24℃以下と25・5℃以下で、富有の渋抜けが不十分

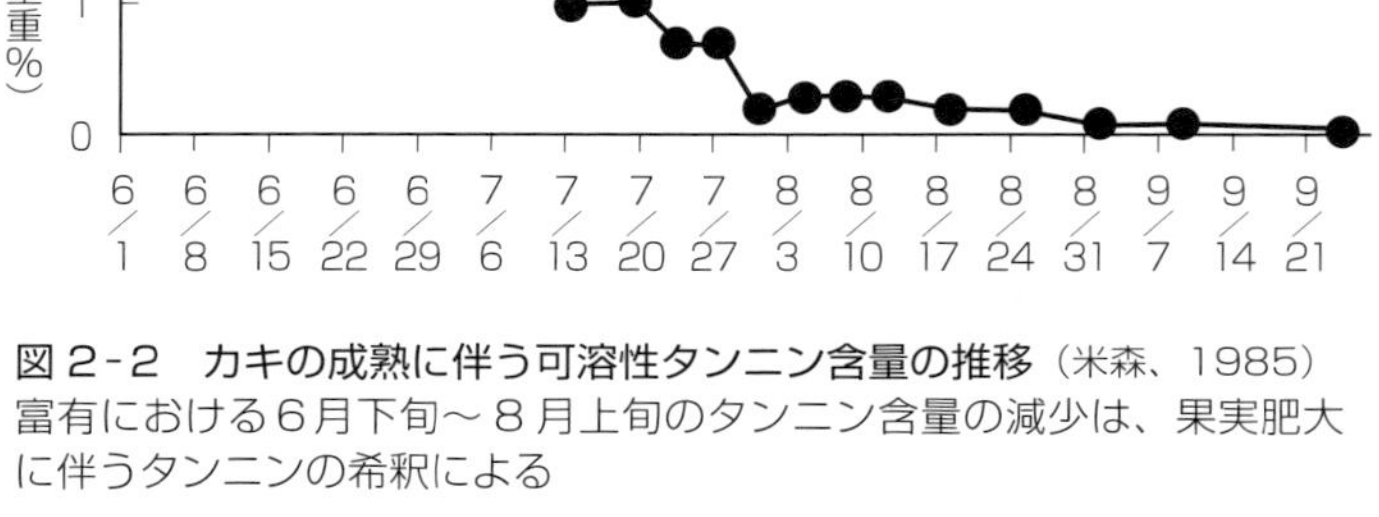

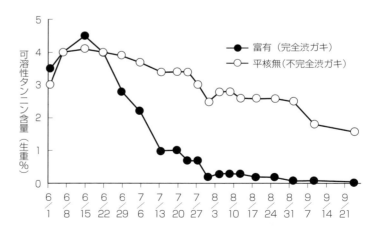

図2-2　カキの成熟に伴う可溶性タンニン含量の推移（米森、1985）
富有における6月下旬～8月上旬のタンニン含量の減少は、果実肥大に伴うタンニンの希釈による

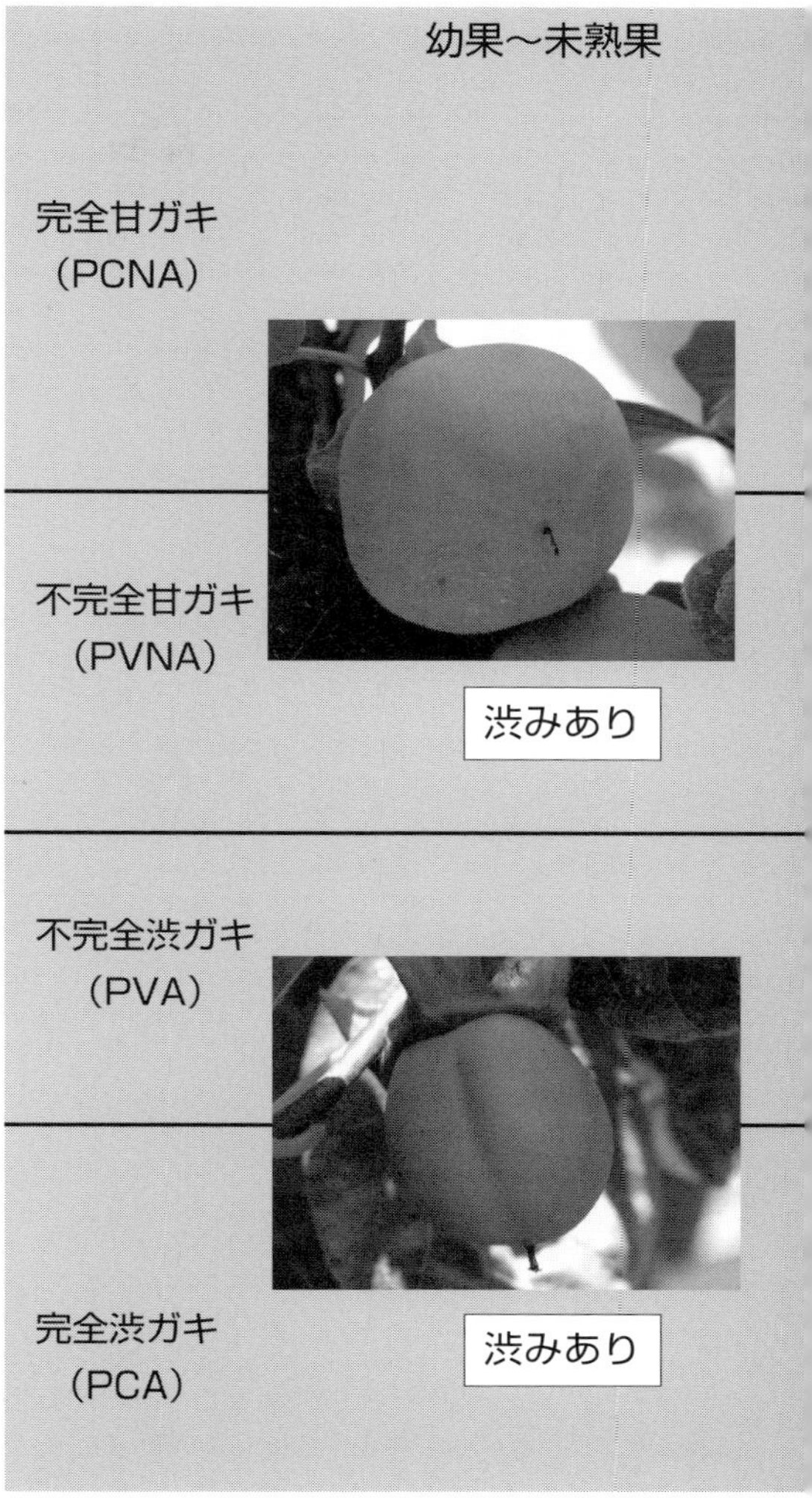

図2-1　脱渋特性によるカキ品種の分類

になる可能性がある。また、内陸地のような気温の寒暖差が大きい地域では、25℃以上の遭遇時間が短く、渋が残る場合もある。これらのことから、完全甘ガキの富有は9月と10月の平均気温がそれぞれ22℃、16℃以上の地域で栽培するのが望ましい。

③富有以外の甘ガキでは？

さらに、完全甘ガキの脱渋に必要な温度は、品種によって異なる。富有、太秋、早秋、甘秋などは渋が抜けやすく、栽培適地が広い。しかし、11月上旬に収穫される貴秋は、東北南部、長野県、北陸の一部で渋残りするので、夏秋季の温度が高い地域で栽培する。

●栽培の北限と耐凍性、晩霜

①カキ栽培の北限

日本では北海道と沖縄を除く都府県でカキは栽培されている。甘ガキについてはすでに見たとおり温暖なところ、年間平均気温が13℃以上、生育期（4月〜10月）の平均気温が19℃以上のところが適地だが、渋ガキは年間平均気温10℃以上、生育期の平均気温16℃以上と、気温が低い地域でも栽培可能である。

実際、渋ガキは広い地域で栽培されている（図2-3）。渋ガキの経済栽培は、山形県および福島県以西で可能であり、甘ガキ栽培の北限は品種によって異なるが、関東南部または東北南部である。

②耐凍性

寒害は冬期に低温で受ける被害で、凍害（凍結して受ける被害）、凍裂（水分が凍結して膨張するためにおきる裂開）、乾燥害（凍結乾燥による脱水と水分供給不足）、寒風害（地温低下による水分供給遮断と、風による蒸散促進で強制的に水分が失われる）に分けられる。

冬季におけるカキの致命的凍害温度はマイナス15℃程度で、ブドウ、モモ、クリなどの落葉果樹と同程度である。また、甘ガキと比べて渋ガキは耐凍性が強い。しかし、チッソ過多や遅効きによる枝の2次伸長、病害や風害などによる早期落葉、着果過多や収穫遅れによる樹への過剰負担は貯蔵養分の蓄積を低下させ、耐寒性を弱める。

③晩霜と対策

厳寒期にマイナス15℃まで耐えていたカキも気温の上昇とともに耐凍性が低下す

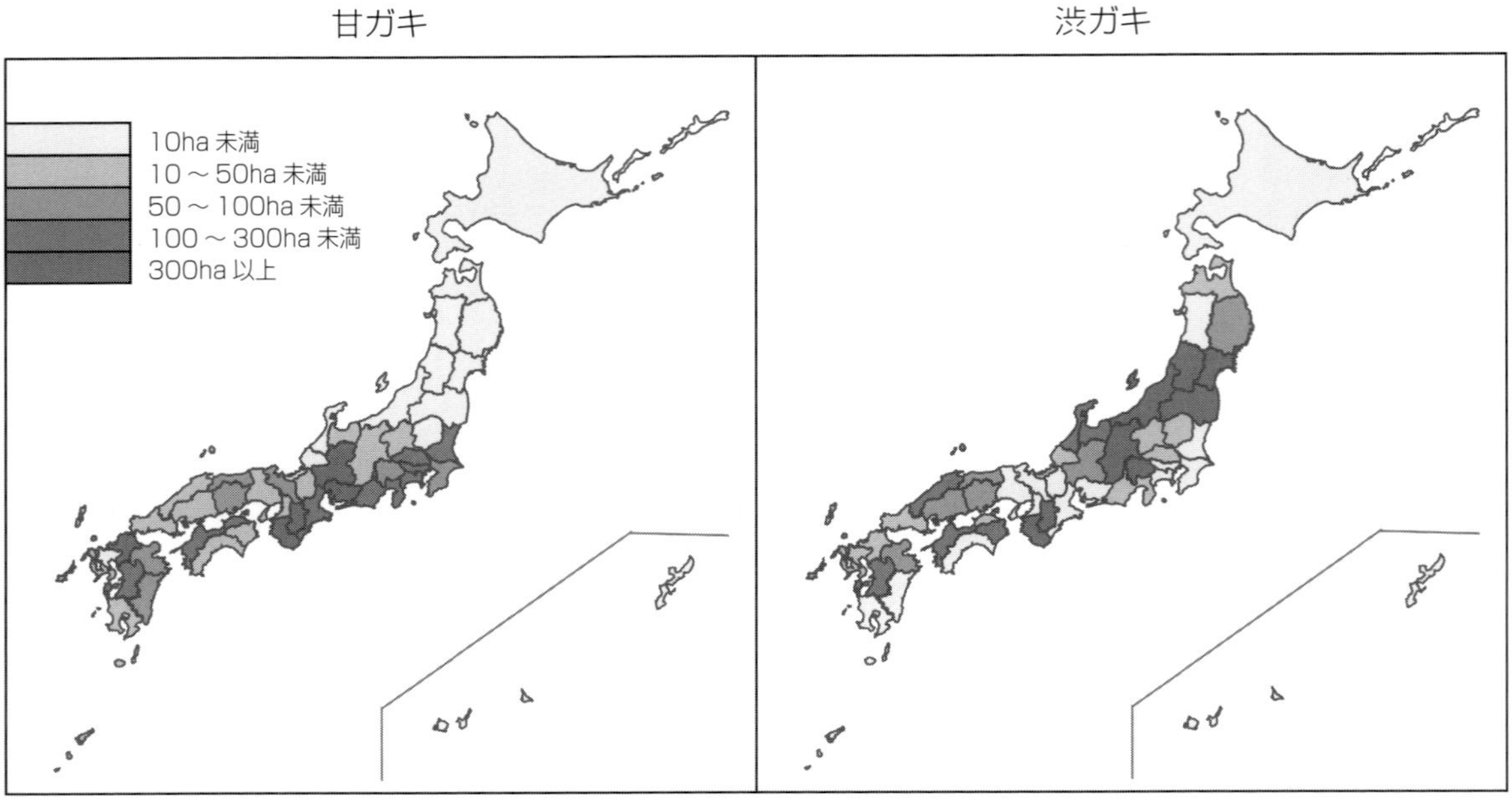

図 2-3　甘ガキおよび渋ガキの栽培面積分布
注）農林水産省特産果樹生産動態等調査（2015）のデータより作成

表 2-1　おもな品種と生育および果実品質特性

甘渋性	早晩性	品種名	収穫期	1 果重 (g)	果皮色 果頂部 (CC 値)	果実品質 糖度 (%)	果肉硬度 (kg)	果汁	障害果 果頂裂果 (%)	へたすき (%)	汚損果 (%)	日持ち性 (日)
渋柿	極早生	刀根早生	10 月上～中旬	264	5.4	15.7	1.1	多	0	0	10	5
甘柿		早秋	10 月上～中旬	256	6.7	15.3	1.4	多	4	0	44	14
甘柿	早生	甘秋	10 月中～下旬	244	5.9	18.0	1.4	中	0	0	70	16
甘柿		麗玉	10 月中～下旬	278	6.3	18.2	1.5	多	0	0	5	24
甘柿		太雅	10 月中～下旬	324	6.7	16.7	1.4	多	1	0	18	29
甘柿		新秋	10 月中～下旬	246	5.9	17.7	1.3	中	13	4	71	10
渋柿	早生～晩生	西条	10 月上～ 11 月中旬	206	9.1	18.1	1.0	多	0	0	-	3
甘柿	中生	貴秋	10 月下旬	352	6.5	16.1	2.3	多	2	2	20	15
甘柿		太秋	10 月下～ 11 月上旬	403	5.3	17.7	1.1	多	12	53	85	18
渋柿		平核無	10 月下～ 11 月上旬	266	5.9	14.7	1.0	多	0	0	5	12
甘柿		松本早生富有	10 月下～ 11 月上旬	265	6.4	16.6	2.0	多	1	27	14	19
甘柿		陽豊	10 月下～ 11 月上旬	266	7.4	17.4	1.9	中	5	46	9	11
甘柿		前川次郎	10 月下～ 11 月上旬	275	6.7	17.9	2.1	中	32	24	46	18
渋柿		太月	11 月上～中旬	459	5.0	15.4	0.9	多	0	1	83	11
渋柿	晩生	太天	11 月中～下旬	490	5.1	16.7	0.8	多	0	2	37	16
甘柿		富有	11 月中～下旬	287	6.3	16.5	2.0	多	0	11	11	25
甘柿		太豊	11 月中～下旬	336	6.0	16.6	1.6	多	0	2	85	30

注）育成地（広島県東広島市）の特性評価および島根県農業技術センターの柿品種比較試験の調査結果（2012 ～ 2017）による
西条は収穫期が長期間のため、汚損果調査は未実施
西条の CC 値は専用カラーチャート値、他品種の CC 値はカキ用カラーチャート値

る。萌芽期～発芽期（3月下旬～4月上旬）になるとマイナス２℃程度、展葉期ではマイナス１℃程度の晩霜で被害を受ける。

カキは充実した結果母枝の先端2～3芽が花芽である。この部分は発芽が早いため、晩霜害に遭いやすく、霜に遭遇すると花がなくなってしまうため、甚大な被害になる。萌芽の早い平核無や西村早生などはとくに被害を受けやすく、同じ品種でも萌芽の早い年は霜害対策が必要である。

２ これからの甘ガキ品種

●農研機構果樹研究所育成品種

早秋（そうしゅう）（２００３年登録）　伊豆に１０９-27（興津2号×興津17号）を交雑して育成した極早生品種で、10月初旬～中旬に収穫できる。果実重は２５０gで糖度は14～15%、果皮色は赤く、果肉はやや軟らかく多汁で食味が優れる。へたすきは発生しない。条紋は発生するが雨よけ栽培することで回避できる。果形はやや扁平で乱れやすい。早生品種のなかでは日持ち性も優れる。

樹勢は強くなく樹姿は開帳性を示す。雌花の着生が非常に多いため、結果母枝は適度に切り返すようにする。また、早期落果が多いため、受粉樹を混植して種子形成を促す必要がある。

太秋（たいしゅう）（１９９１年登録）　富有にⅡiG-16（興津15号実生）を交雑して育成した中生品種で、10月下旬～11月上旬に収穫される。これまでのカキにはなかった「サクサク」とした食感が特徴である。果実重は４００gと大果で、糖度は16～17%、果皮色は橙色を示す。条紋が発生するが、その部分の糖度は高くなる。

樹勢は中程度で樹姿は開帳性と直立性の中間を示す。弱い結果母枝には雄花が着生するため、強い結果母枝を残す。また、頂芽優勢の性質が強いため、強い結果母枝の先端2～3芽にしか強い新梢が発生せず、それ以外の新梢には雄花が着生する。さらに陰芽も発生しにくいため、密植して強いせん定を行なうことで雌花を確保する。

甘秋（かんしゅう）（２００５年登録）　新秋に18-４（富有×興津16号）を交雑して育成した早生品種で、10月中旬～下旬に収穫できる。果実重は２４０g、糖度は18%と高く、食味が優れる。へたすきや果頂裂果は発生しない。果皮に汚損が発生するが、雨よけ栽培することで回避できる。

樹勢は中程度で、樹姿は開帳性と直立性の中間である。単為結果力が強く、生理落果もほとんどない。雌花が小さいため摘蕾時に大きな花を残す。樹勢が弱くなると雄花が発生しやすいので、側枝の更新を積極的に行なうことで樹勢を維持し、収量を安定させる。

麗玉（れいぎょく）（２０１５年登録）　甘秋に安芸津19号（大御所×太秋）を交雑して育成した早生品種で、10月中旬～下旬に収穫できる。果皮色は鮮やかな橙色で、外観が優れる。果実重は２８０g、糖度は18%と高く、柔軟多汁で食味がよい。果形はやや腰高の丸みを帯びた楕円形である。また、単為結果力が強いので種なし果生産が可能である。

樹勢は中程度を示す。甘百目、西条など

の品種に接ぎ木した場合、樹勢の低下や果実の小玉化などの不親和性が見られるので、富有、松本早生富有、太秋への高接ぎ更新が望ましい。

太雅（たいが）（２０１５年登録）　麗玉と同じ組み合わせで育成された早生品種で、10月中旬〜下旬に収穫できる。果実重は３２０ｇ、糖度は16〜17％、果肉が軟らかく多汁で食味に優れる。果形はやや角張った扁円形である。単為結果力が強く、種なし果生産が可能である。へたから赤道部に雲状の汚損が発生するが、日持ち性に影響

写真２-１
農研機構果樹研究所で育成されたおもな完全甘ガキ品種
①早秋、②太秋、③甘秋、④麗玉、⑤太雅、⑥大豊、⑦新秋

しない。

樹勢は中程度を示す。生理落果が少なく、へたすきや果頂裂果がほとんど発生しない。

太豊（たいほう）（２０１４年登録）　興津20号（袋御所×花御所）に太秋を交雑して育成された晩生品種で、11月中旬～下旬に収穫できる。果実重は３４０gと大果で、糖度は17％程度、果形はやや腰高の扁平形で、果皮色は橙色である。果汁が多く太秋と同様にサクサクとした食感をもつ。

樹勢は中程度を示す。単為結果力が強いため、種なし果生産が可能である。

新秋（しんしゅう）（１９９０年登録）　興津20号に興津1号を交雑して育成された早生品種で、10月中旬～下旬に収穫できる。果実重は２４０g、糖度は18～20％と高く、果汁も多いため、食味がきわめてよい。果皮色は黄橙色である。しかし、露地栽培では汚損果が多く、汚損部位から軟化するために商品性がなくなる。そのため、ハウス栽培向きである。

樹勢は中程度、樹姿は開帳性と直立性の中間を示す。新梢は節間、新梢長ともに短い。長い結果母枝では果実が小さくなりやすいことから、25cm以下の結果母枝に着果させるとよい。

●代表品種・有望な各県品種

富有（ふゆう）　岐阜県瑞穂市巣南居倉で発見された晩生品種で、11月中旬～下旬に収穫できる。果実重は２８０g、糖度は15～16％、果肉はやや硬く、果汁は多い。果皮色は橙～橙紅で、産地により若干異なる。果形は丸に近い四角で、へたすき性がある。果実の日持ち性はよく、冷蔵で1～3カ月貯蔵できる。

樹勢はやや強く、樹姿は開帳性を示す。新梢と節間が長く下垂しやすいため、側枝の更新を積極的に行なう。単為結果性は低いので受粉樹の混植が必要である。

富有の枝変わり品種には、収穫期が1～2週間早い松本早生富有（まつもとわせふゆう、１９５２年）、収穫期は松本早生富有と比較して1週間程度早い上西早生（かみにしわせ、１９８３年）、果実重が３２０gと大果のすなみ（１９８８年）などがある。

次郎（じろう）　静岡県周智郡森町に原木があり、11月上旬～中旬に収穫される晩生品種。果実重は２５０～２８０g、糖度は16％、果皮色は橙色、果汁は少なくやや硬めの肉質である。摘蕾によって単為結果性が強くなる。種子形成力も強いので結実性に優れるが、種子が形成されると果頂裂果が多くなる。そのため、受粉樹を設けない栽培が行なわれる。

樹勢はやや強く、樹姿は開帳性と直立性の中間を示す。樹の中に長果枝と短果枝が混在し、短果枝では葉が密生しやすい。隔年結果性が強いので、収量性を確保するためには、遅れ花も利用する。

枝変わり品種には、収穫期が2週間程度早い前川次郎、焼津早生次郎などがある。

輝太郎（きたろう）（２０１０年登録、鳥取県・農研機構果樹研究所）　宗田早生（そうだわせ）に甘秋を交雑して育成した品種で、9月下旬～10月中旬に収穫される極早生品種である。果実重は３００gと早生品種の中では大果で、糖度は17％と食味に優

写真2-2　御所系のおもな完全甘ガキ品種
①前川次郎、②松本早生富有、③富有

れる。無核果や種子数の少ない果実では果芯部に空洞ができやすく、その空洞の周りが黒くなるので受粉樹が必要である。

樹勢はやや強く、樹姿は斜上を示す。新梢の枝は太く節間は短い。

福岡K1号・商標名「秋王（あきおう）」（2012年登録、福岡県）富有に太秋を交雑して得られた不完全種子から得られた世界初の9倍体無核性完全甘ガキ品種で、10月中旬〜11月上旬に収穫される。果実重は370g、糖度は20％、太秋と同様のサクサク感をもつ。着色は良好で、条紋の発生は少ない。早期落果が多いので、摘蕾などによって結実数を確保する。

ねおスイート（2015年登録、岐阜県）

新秋に太秋を交雑して育成された品種で、10月下旬〜11月上旬に収穫される中生品種である。果実重は260g、糖度は20％以上ときわめて甘く、多汁で太秋と同様なサクサク感をもつ。果皮色は赤く、微細な条紋が発生しやすい。

樹勢はやや強く、樹姿は開帳性を示す。太秋と同様に雄花が着生する。10cm以上の結果母枝では雌花の割合が多いため、収穫量が富有並みに多くなる。

紀州てまり（2017年登録、和歌山県）早秋に太秋を交雑して育成された品種で、10月中旬〜11月上旬に収穫される。果実重は390g、糖度は18％、多汁で食味はよい。太秋でみられる条紋は発生せず、果頂裂果および汚損果の発生は少ないため、外観が優れる。単為結果力も強いため、受粉樹の混植は必要ない。

樹勢は中程度、樹姿は開張性を示す。雌花のみ着生し、雄花は着生しない。雌花の着生はやや少ないことから、30cm以上の結果母枝を残すとよい。

3 おもな渋ガキ品種

●農研機構果樹研究所育成品種

太天（たいてん）（2009年登録）黒熊に太秋を交雑して得られた11月中旬に収穫される晩生品種で、不完全渋ガキである。果実重は500gの大果で、脱渋後の糖度は17%程度、果皮色は橙色を示す。脱渋方法はＣＴＳＤ脱渋（*）、粉末アルコールを用いた樹上脱渋、ドライアイス脱渋が可能である。ＣＴＳＤ脱渋と樹上脱渋の場合、サクサクした食感となり、ドライアイス脱渋の場合は滑らかな食感となる。ドライアイス脱渋を行なった場合、脱渋後に果皮に黒変が発生するので、個包装してから処理をする。脱渋には他品種と比較して日数を要する。

＊ Constant Temperature Short Duration
炭酸ガスを用いた恒温短期脱渋法で、一度に大量に処理できる特徴がある。

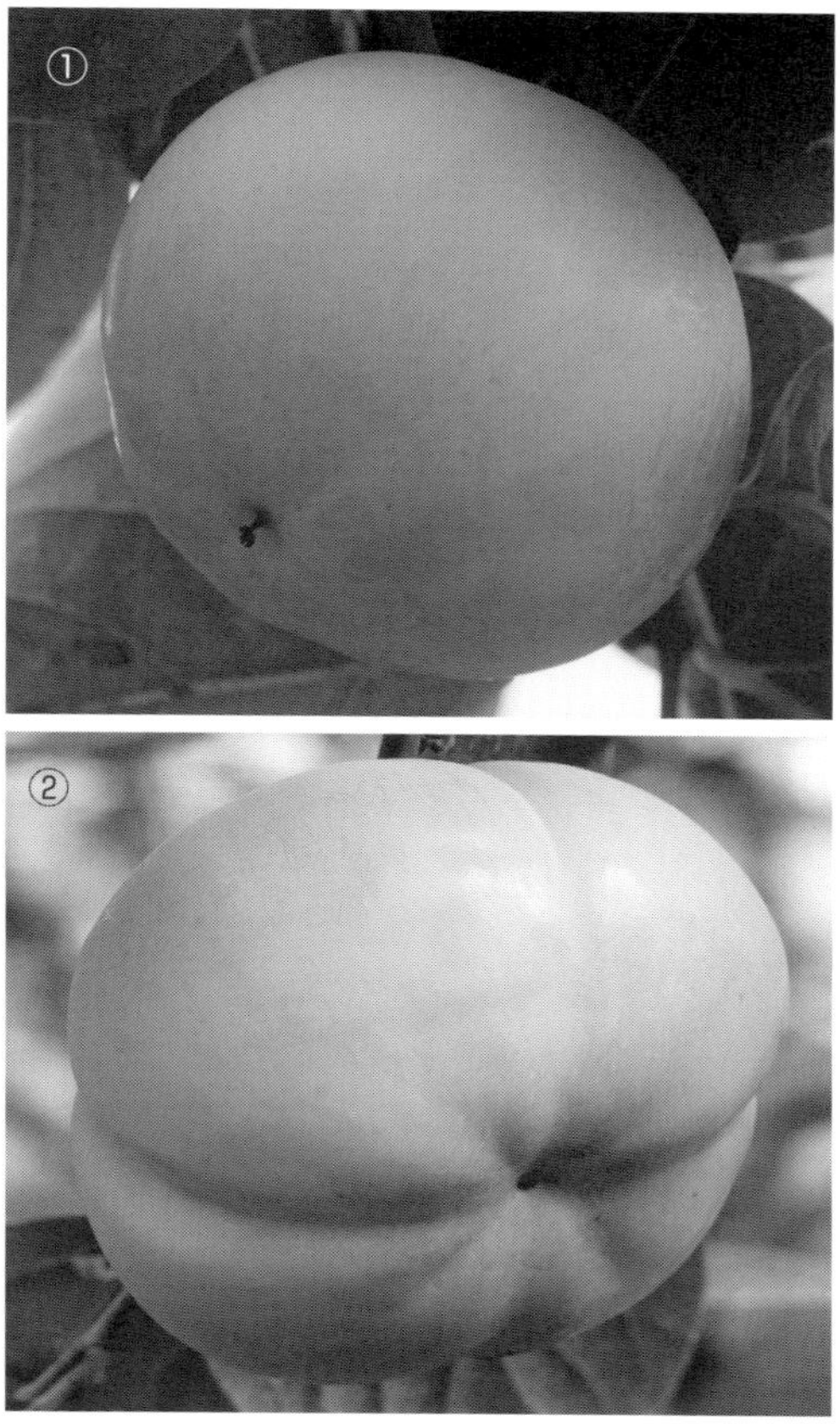

写真２-３
農研機構果樹研究所で育成されたおもな渋ガキ品種
①太月、②太天

　樹性は強く、樹姿は開帳性を示す。新梢は長くて枝の発生密度は高くない。雌花の着生は多く、雄花もわずかに着生する。単為結果性は弱いため、安定した結実を確保するには受粉樹の混植が必要である。生理落果が少ないので、３ｔ／10ａ以上の果実生産は可能である。しかし、着果過多の場合に果実品質が劣るので、摘果を十分に行なって葉果比を20以上にする。

太月（たいげつ）（２００９年登録）　太天と同じ組み合わせで得られた不完全渋ガキで、11月上旬に収穫される中生品種。果実重は４６０ｇの大果で、脱渋後の糖度は15%程度、果皮色は黄橙色を示す。脱渋方法はＣＴＳＤ脱渋が適しており、果肉は軟らかくて果汁が非常に多い。

　樹勢は強くて樹姿は開帳性を示す。単為結果性と種子形成力が強いため種なし栽培が可能であり、安定した結実と収量が確保できる。太天と同様、着果過多の場合には果実品質が劣るため、最終摘果後は葉果比20以上を目指す。

●代表的な渋ガキ

平核無（ひらたねなし）（不完全渋ガキ）
新潟市秋葉区古田に原木がある不完全渋ガキで、10月中旬～11月中旬に収穫される。九倍体品種であるため、名前のとおり種なし栽培が可能である。国内での品種別栽培面積は第２位で、庄内柿（山形県）、八珍柿（新潟県）、紀ノ川柿（和歌山県）、おけさ柿（新潟県佐渡島）などの名称で出荷されている。

　果実重は２４０ｇ、脱渋後の糖度は14～

16%、果皮色は橙色、果形は四角張った偏平形である。CTSD脱渋された果実は、果肉が緻密で軟らかく果汁が多い。日持ち性は12日程度である。また、紀ノ川柿のように固形アルコールで樹上脱渋した果実は、果肉にゴマが入りパリパリとした食感となる。

樹勢は強く、樹姿は開帳性と直立性の中間を示す。新梢は太くて節間は短い。萌芽期は早いので霜害を受けやすい。雌花の着生に優れるとともに隔年結果性も小さいため、豊産性である。

刀根早生（とねわせ）（不完全渋ガキ）

1980年に奈良県天理市で発見された平核無の枝変わりで、9月下旬～10月上旬に収穫できる極早生品種。果実重は240g、脱渋後の糖度は14～16%、果皮色は平核無よりやや濃い橙色である。平核無と同様に果形は四角形で、種はない。主産地の和歌山県ではハウス栽培が行なわれており、7月上旬から出荷される。樹勢や樹姿、枝の発生などは平核無とほぼ同じである。

西条（さいじょう）（完全渋ガキ）　広島県原産とされ、800年以上前から栽培されている古い品種で、完全渋ガキ。多くの系統が存在することから、10月上旬～11月中旬まで長期間の収穫が可能である。果実重は200g、脱渋後の糖度は18%程度、果皮色は黄橙～薄い橙色である。果形は縦長で、4条の特徴的な溝がある。ドライアイス脱渋が一般的で、輸送しながら脱渋を行なう。脱渋後の日持ち性は3～4日程度と短い。

樹勢は強く、樹姿は直立性で、葉が他品種と比べて大きい。樹齢が進むと単為結果する場合もあるが、一般的には受粉樹の混植が必要である。

写真2-4　おもな渋ガキ品種
①平核無、②刀根早生（以上、不完全渋ガキ）、③西条（完全渋ガキ）

突核無（とつたねなし）（不完全渋ガキ）

新潟県佐渡市で発見された平核無の枝変わりで、9月下旬から収穫できる極早生品種。果実重は30gと小さく、脱渋後の糖度は16～18%である。平核無と同様、CTSDで容易に脱渋される。新潟県で栽培、出荷された果実は「ベビーパーシモン®」として販売されており、皮ごと丸かじりできる。

4 その他の品種

●干し柿用品種

市田柿（いちだかき）（完全渋ガキ）　長野県飯田市、下伊那地方で栽培される干し柿（市田柿）専用品種。収穫期は10月下旬～11月上旬で、果実重は１００g、果皮色は橙色を示す。市田柿は干し柿出荷量では日本一である。

甲州百目（こうしゅうひゃくめ）（不完全渋ガキ）　古くから存在した品種で、その起源は不明である。11月上旬から収穫され、あんぽ柿やころ（枯露）柿などの干し柿に利用されることが多い。果実重は３５０～４００g、果皮色は赤橙色である。全国各地で栽培されており、蜂屋、富士、赤日本などの別名がある。アルコール脱渋後の糖度が18％と高く、甘みが強い。

堂上蜂屋（どうじょうはちや）（完全渋ガキ）　岐阜県加茂市蜂屋町原産で、11月上旬に収穫できる品種。果実重は２５０g、果皮色は黄橙色である。汚損果の発生がやや多い。美濃加茂市で栽培された果実は干し柿にされ、堂上蜂屋柿として販売されている。

三社（さんじゃ）（完全渋ガキ）　富山県南礪波市福光町原産で、11月中旬に収穫できる。果実重は１６０g、果皮色は黄橙色である。結実性がよいため豊産性で、果実に溝がないので、加工適性に優れている。

なお、平核無、刀根早生、西条は生食兼用品種として、あんぽ柿やころ柿にも加工されている。

●受粉樹用品種

おもなカキ受粉樹専用品種として、禅寺丸、さえふじ、赤柿が利用されている。

禅寺丸は神奈川県川崎市麻生区王禅寺原産で、記録に残っているなかでもっとも古い甘ガキ（不完全甘ガキ）である。開花期は富有と比べて4～5日早い。

さえふじは雄花の着花が多く、花粉が多い。禅寺丸と比較して開花期は3～7日早い。

赤柿は開花期が早く、さえふじと比べて2～3日早いので、開花期の早い西村早生などの受粉に適する。しかし、花粉量はやや少なく、霜害にも遭遇しやすい。

●紅葉用品種

カキは秋季の落葉前になると鮮やかに紅葉し、日本料理の飾り（彩り）として用いられる。果実用の既存品種を利用する場合もあるが、専用品種もある。以下はいずれも農研機構果樹研究所育成の品種である。

丹麗（たんれい）・錦繍（きんしゅう）（１９９５年登録）　興津2号（富有×晩御所）に興津15号（晩御所×花御所）を交雑して得られた品種。両品種ともに、葉の採取期は11月上旬～中旬と他のカキ品種と比べて早い。葉の色は、丹麗は黄色みを帯びた鮮やかな赤色、錦繍は鮮やかな赤色である。

朱雀錦（すざくにしき）（２０１１年登録）　横野に３１０-24（羅田甜柿×太秋）を交雑して得られた品種。葉の採取期は11月中旬～下旬で丹麗および錦繍と比べて遅い。葉の色は濃橙赤～濃赤茶で、葉の強度は高い。

写真2-5　豊楽台を台木とした富有（上）と西条（下）の生育
どちらも左が実生台木、右が豊楽台（上の写真：農研機構果樹茶業研究部門）

●台木用品種

カキの台木は栽培品種またはヤマガキの実生が一般に用いられている。しかし、それぞれの台木は遺伝的に不均一で性質が異なるため、均一な苗木を育成することができない。また、一般的なカキ用台木で樹高を低くすることはできない。近年、挿し木や組織培養などで増殖可能なカキわい性台木品種が登録されており、低樹高による作業性の向上が期待されている。

MKR-1（2012年登録、宮崎大学）　岡山県農林水産総合センター農業研究所内の西条系統で、強いわい化を示した樹の台木が原木である。ミスト下で緑枝挿し木による繁殖が可能である。わい化効果は、富有、平核無、太秋で確認されている。早期に着花するとともに樹冠容積あたりの収穫量が多くなる。

静カ台1号・2号（2014年登録、静岡県）　静岡県農林技術研究所果樹センター内の前川次郎ほ場で、樹形がコンパクトかつ収量性の優れる個体から選抜した品種である。組織培養による繁殖が可能である。静カ台1号はわい化性、収量性ともに優れ、静カ台2号はさらにわい化性が強いことが前川次郎で明らかにされている。

豊楽台（2016年登録、農研機構果樹研究所・島根県）　中国山地の来歴不明の樹より採取した実生から選抜した品種。富有において、樹高が低くなるとともに樹冠容積および主幹断面積あたりの収穫量が高くなり、西条でも樹高が低くなる（写真2-5）。ミスト下の緑枝挿し木または組織培養によって増殖できる。

5 品種配分の考え方

国内で栽培されている品種は多く、苗木業者のカタログを見てもさまざまあろうえ、地域ごとに独自の品種がある。カキ栽培を始めるにあたり、品種の選択はもっとも苦労する。

●まず収穫作業の集中を防ぐ

品種の選択は経営タイプ（市場出荷中心、個人販売中心、直売中心、他樹種や品目との複合経営など）により異なるが、収穫時期の異なる複数の品種を組み合わせて、途切れることなく出荷させる

表2-2　カキ栽培における10aあたりの作業時間

作業内容	作業時間（時間/10a）	割合（%）
整枝・せん定	28.6	15.4
土壌改良・施肥	3.7	2.0
除草・防除	18.1	9.7
摘蕾・摘果	55.7	30.0
収穫・出荷	77.8	41.8
その他	2.1	1.1

注）平成19年産品目別経営統計（農林水産省）より抜粋

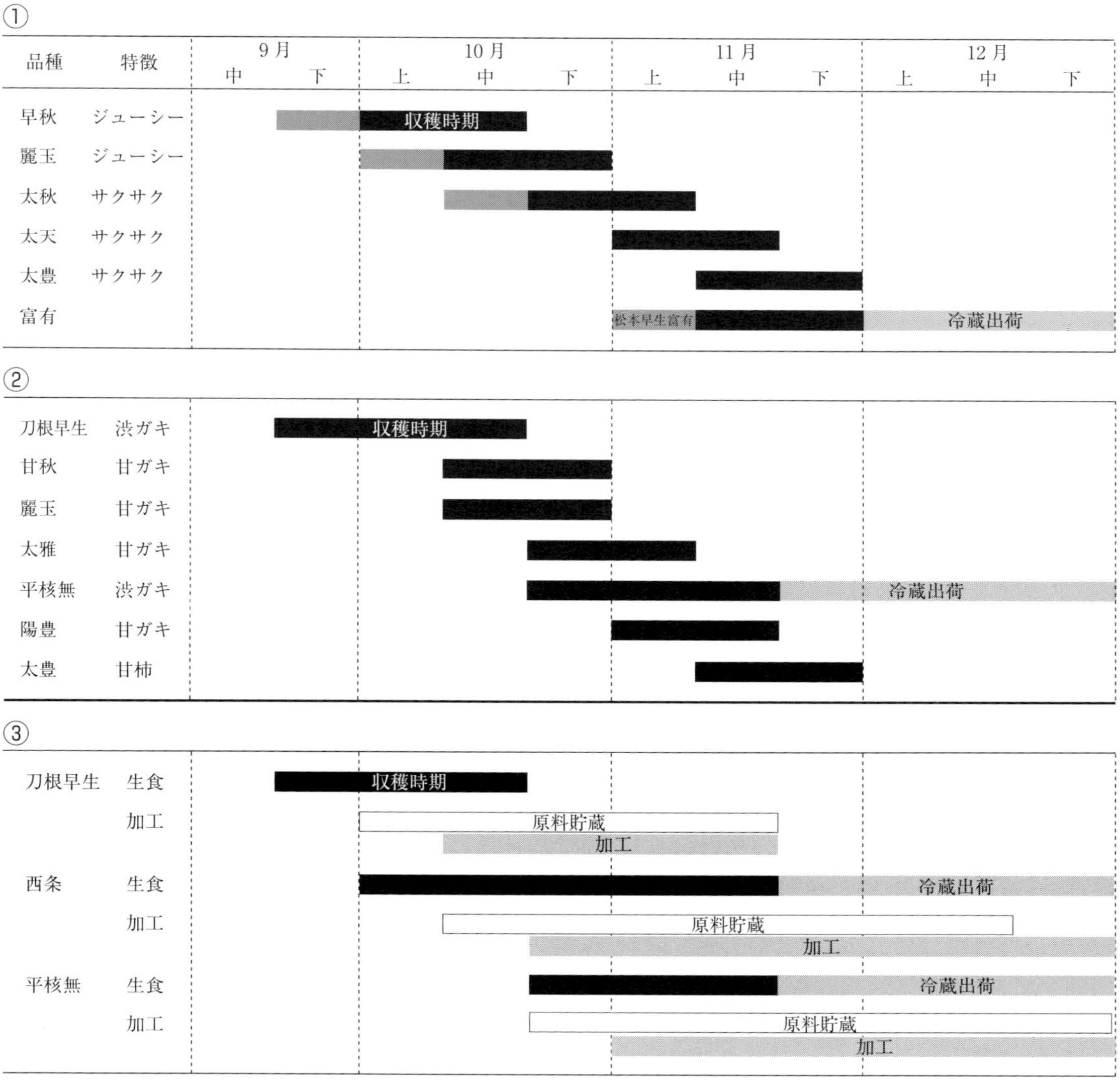

図2-4　カキの品種組み合わせにおける収穫時期
①良食味品種の甘ガキを中心とした収穫時期
②受粉樹を必要としない種なし果を中心とした収穫時期
③生食用＋加工を中心とした収穫時期と加工時期

とよい。これは、カキの販売期間を長くすることはもちろん、カキ栽培の一連の作業においてもっとも労力を要する収穫・出荷作業の集中化を防ぐためには必要不可欠である（表2-2）。適期に収穫しなければ、一年間の苦労が台無しとなる。

さらに、栽培予定地における成熟期の天候や出荷・販売方法などを考慮し、どの時期の出荷に重点をおくのかを決め、品種を選ぶようにする。

●これから儲かる品種構成

①良食味の甘ガキを中心とした栽培

近年の消費者動向を注視すると、食味の優れた果実へのニーズが高くなっている。カキの食味（生食用）は、果肉の粗密、果肉硬度、粉質程度、果汁の多さ、糖度によって構成される。良食味品種は、果肉が軟らかく、果汁は多く、糖度が高い。その代表である太秋を中心とした「サクサク感」や「ジューシーさ」の高い品種を中心に栽培する（図2-4①）。

②種なし果実生産

カキの消費量が減少している要因の一つとして、種が入っているため食べにくいことが挙げられる。そこで、単為結果性の強い品種を組み合わせることで、種なし果を生産、販売する。結実の不安や受粉樹の必要性からも解放される可能性が高い（図2-4②）。

③生食と加工による付加価値栽培

今後、干し柿やあんぽ柿などの加工品は需要が高くなることが想定される。そこで、生食兼加工の品種を中心に栽培することで、長期間にわたる生果出荷、冷蔵出荷と加工品（干し柿）の販売を実現させる（図2-4③）。

（以上、大畑）

第3章

12〜3月 休眠期の管理

物質生産（光合成生産）を高める枝の置き方と処理。既存樹の樹形改造、接ぎ木・苗づくりもこの時期に

実際編

写真3-1　目標とする樹形は強制誘引開心形
42年生富有のせん定後の姿、主枝が水平から斜め上方に広がった開心形を意識してせん定する

1 仕立てと整枝・せん定

ここではカキの仕立てを、ＬＡＩを説明した章でも紹介した強制誘引開心形、立ち木ながら平棚のように光線利用効率が高く、品質・収量ともに追求できるこの樹形をベースに紹介していくが、せん定の基本部分はどの仕立てにも共通する。

●平棚に近い強制誘引開心形

①園がほとんど樹冠で埋まる

目標とする樹形は、主枝が水平からやや斜め上方に広がり、平棚に近い開心形とする。高品質果実を多収するために、園内に降り注いだ太陽光線をムダなく利用できるよう、主枝が主幹から先端に向かって水平から斜め上方に平棚のように広がっている開心形である（写真3-1）。若木から成木にかけて、早く園が埋まるように樹を大きくして計画的に間伐して樹冠を広げ、成木時には園が樹冠でほぼ埋まり平棚のような葉層となっている（写真3-2、図3-1）。

②低コストで作業もしやすい

強制誘引開心形は、植え付け後2〜3年目に主枝を竹やパイプを用いて、一番上の第1主枝を北向きに、それから１２０度間隔で第2、3主枝を配置し、地表面に対して30〜40度斜め上方に誘引する（写真3-3）。亜主枝は主枝の斜め背面から発生した枝を用いて2本配置し、斜め上方に誘引してできるだけ早く樹冠を広げる。

10年生以上の成木になっても、樹高が高

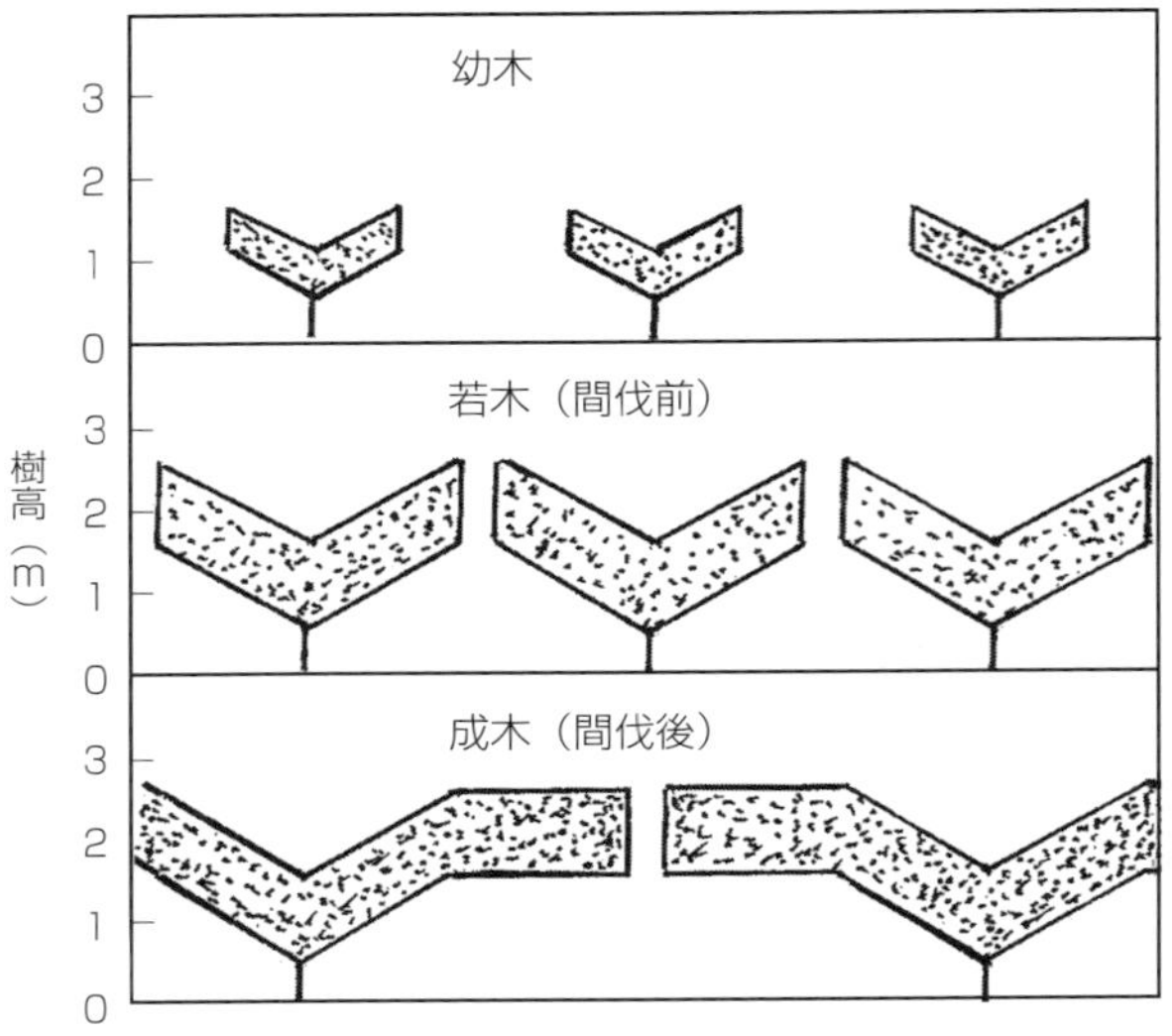

図３-１　強制誘引開心形の幼木から成木の樹冠の広がり
（横から見た模式図）

写真３-２　樹冠下から見ると棚仕立てのような葉層に（62 年生の富有園）

写真３-３　強制誘引開心形の２年目、支柱を設置したところ

くならないように、主枝は地上1.5～２ｍ程度で先端を斜め上方に伸ばしながら横向きに広げていく。横向きに誘引できないときは、主枝先端を切り戻し、亜主枝を主枝に替えて横に広げていく（図３-２）。主枝や亜主枝上面から出た1年枝はＬＡＩを高めるために多めに残す。

この仕立ては、棚資材が不要で主枝を誘引する竹やパイプが３本あれば、成園まで育成できる。また、ＬＡＩも３程度まで

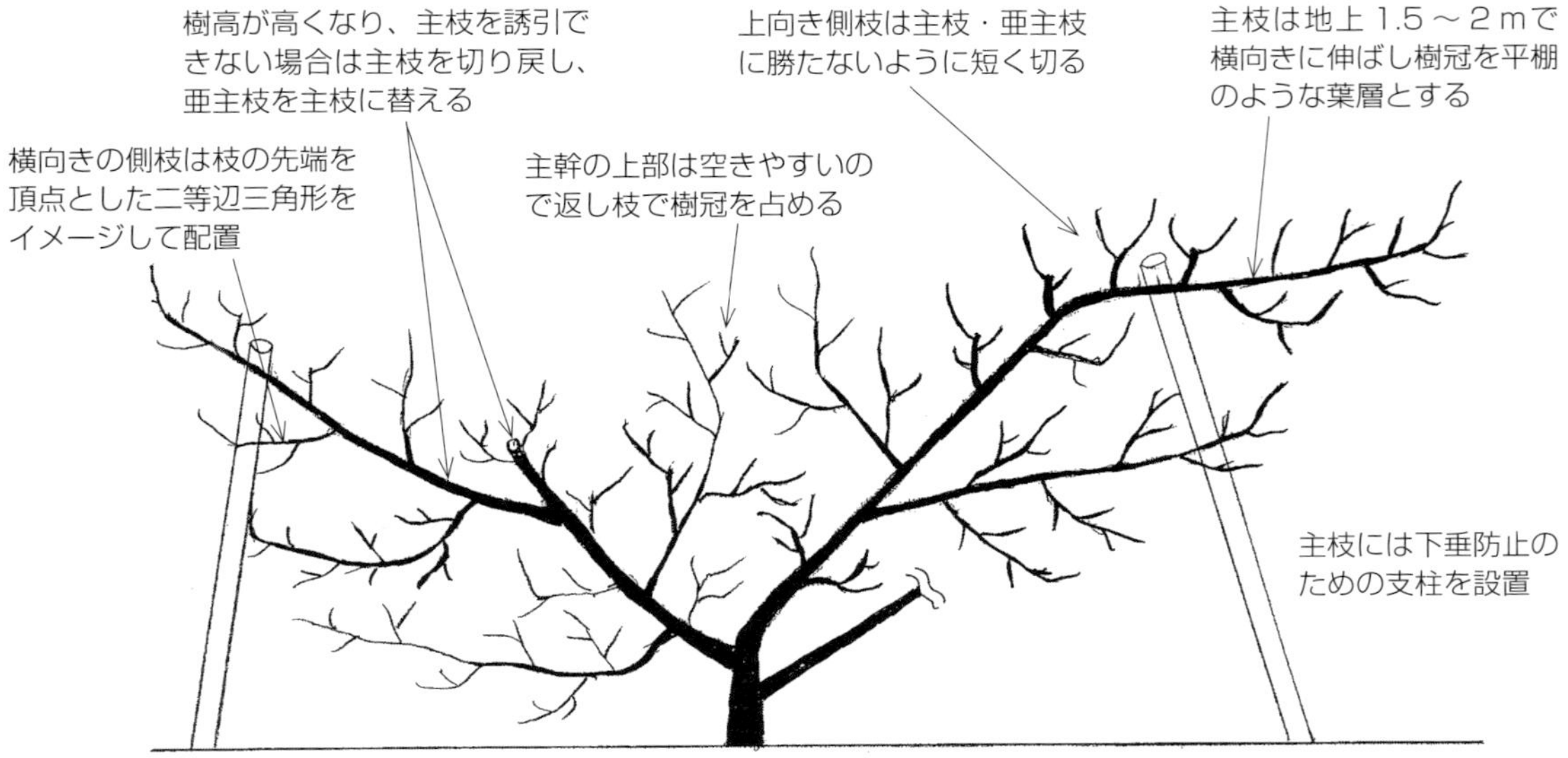

図３-２　強制誘引開心形（10 年以降）

高められ、主枝を斜めに誘引していることから樹高も低く、光合成産物が幹に分配される割合が減るため高品質果実が生産しやすい。低コストで植え付けて5年目くらいから高品質多収が可能となる。また、樹高は2.5m程度とするので、着果管理、収穫、せん定などの作業は、高くても1m程度の脚立があればすべて管理できる。

強制誘引開心形とはこのような樹形である。では、こうした樹形ではどのようなせん定が重要であろうか。

③徒長枝の発生をできるだけ減らす

徒長枝などの太く長い1年枝がたくさん発生すると、せっかく光合成した養分が材木部分にたくさんとられて、そのぶん果実に分配される量が減少し、収量低下の要因となる。高収量をあげるためには、徒長枝の発生を減らすことが重要である。せん定は、中庸から短い1年枝を多く残す弱せん定とし、主枝や亜主枝はゆるやかな傾斜をつけて先端を立たせるようにする。このような管理を行なっていると、太い徒長枝の発生が減少し、鋸を使うことが少なくなり、せん定はほとんどハサミだけでできるよう

写真3-4　富有の強勢樹、弱勢樹、中庸樹（上から）
強勢樹①は徒長枝が乱立、弱勢樹②は発生がない、中庸樹③は若干徒長枝が発生している

になる。

●樹勢診断——徒長枝や1年枝長で判断

カキの樹勢は、その年の生育状況である徒長枝の発生状況や1年枝長、果実の肥大状況などから総合的に判断し、せん定の方針を決める。

徒長枝の発生状況でいうと、強勢樹は100cm以上の強い直上枝が多発し、2次伸長枝もたくさん発生する。逆に、樹勢の弱い樹は1年枝長が短く、不定芽の発生や2次伸長枝もほとんどない状態である。適正な樹勢は、徒長枝も適度に発生し、徒長枝の10～20％に2次伸長枝の発生が認められる程度である（写真3-4①②③）。

1年枝長を判断基準とすると、カキの良質な1年枝長は、先端まで充実して太く冬芽も大きいもので、長さは富有が15～40cm、平核無や西条では10～25cmである。側枝先端の1年枝長は平均よりやや長いので、適正樹勢では富有が40～50cm、平核無、西条で30cm程度となる。これらの枝が側枝の先端に大部分を占めていれば中庸と考えられる。それより短い場合は弱勢、それより長い場合は強勢と判断し、徒長枝の発生状況等とも加味して樹勢を判断する。

以上のような診断から樹勢が強いと判断した場合は、樹冠を広げてやや枝数を多く残す弱せん定を行なう。よいと判断したときは、昨年とほぼ同様な枝数を残す。逆に、短い枝ばかりで弱勢と判断した場合には、思い切って枝数を減らして強せん定とする。理想的には毎年ほぼ中庸な樹勢となるようにせん定を行なう。樹勢が中庸なら、材木部や枝に取られる光合成産物が少なくて果実収量も増加し、へたすき果などの生理障害も少なく、高品質果実が生産できる。

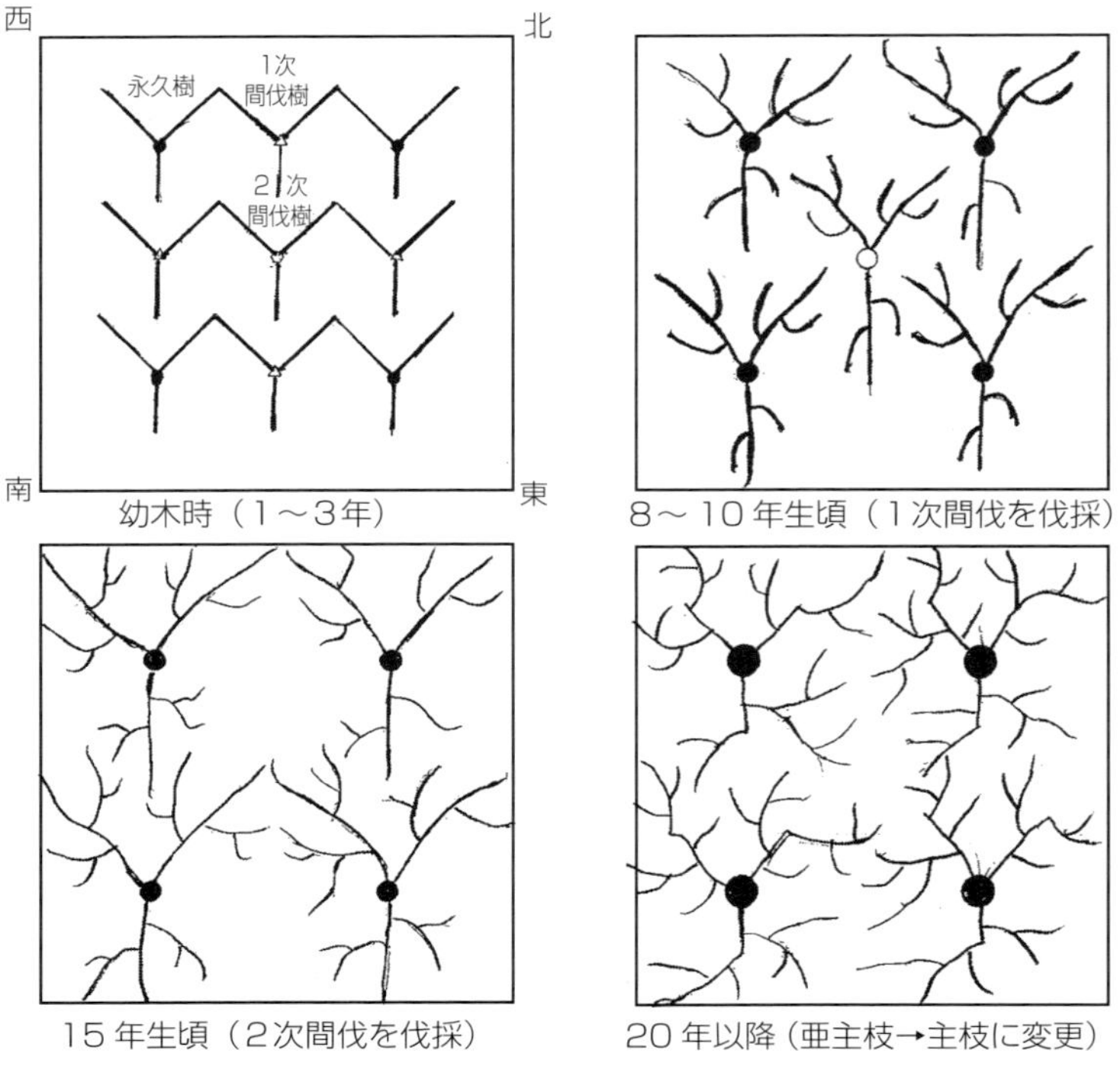

図3－3　強制誘引開心形の幼木から成木への樹冠の広がり（上から見た模式図）

●せん定の基本とポイント

①永久樹は伸ばし間伐樹は切り縮める

園がムダなく埋まるように主枝、亜主枝を幼木期から計画的に配置する。幼木期から間伐するまでは、永久樹、間伐樹とも同様に3本主枝で育成し、亜主枝は各主枝2本程度を養成して樹をつくっていく。園が込んでくると、第1間伐樹、第2間伐樹と順に樹を伐り、園が込まないように徐々に間伐する（図3-3）。

　間伐するときは、光合成効率を高めるため、夏季の新梢伸長が停止したときに隣の樹との空き空間がほぼない程度に、どの程度新梢が伸びるのかをイメージしながら空間を空ける。空けすぎると収量が減少するので注意する。

②まず不要な太い枝は抜く

　徒長枝や主枝、亜主枝に競合する枝、樹冠内を陰にする枝をまずせん除する。しかし、主枝、亜主枝の上部から出た枝をきれいにしすぎるとLAIが減少し、1年枝も少なくなる。主枝・亜主枝を負かさない枝は重なりすぎないように残しておく。

③主枝・亜主枝の先端は斜め上向きに

　主枝の先端は、方向、角度のよいものでやや強い1年枝を1本残し、競合する1年枝は間引く。残した1年枝の先端は軽く切り返すが、このとき先端の芽は、伸ばした

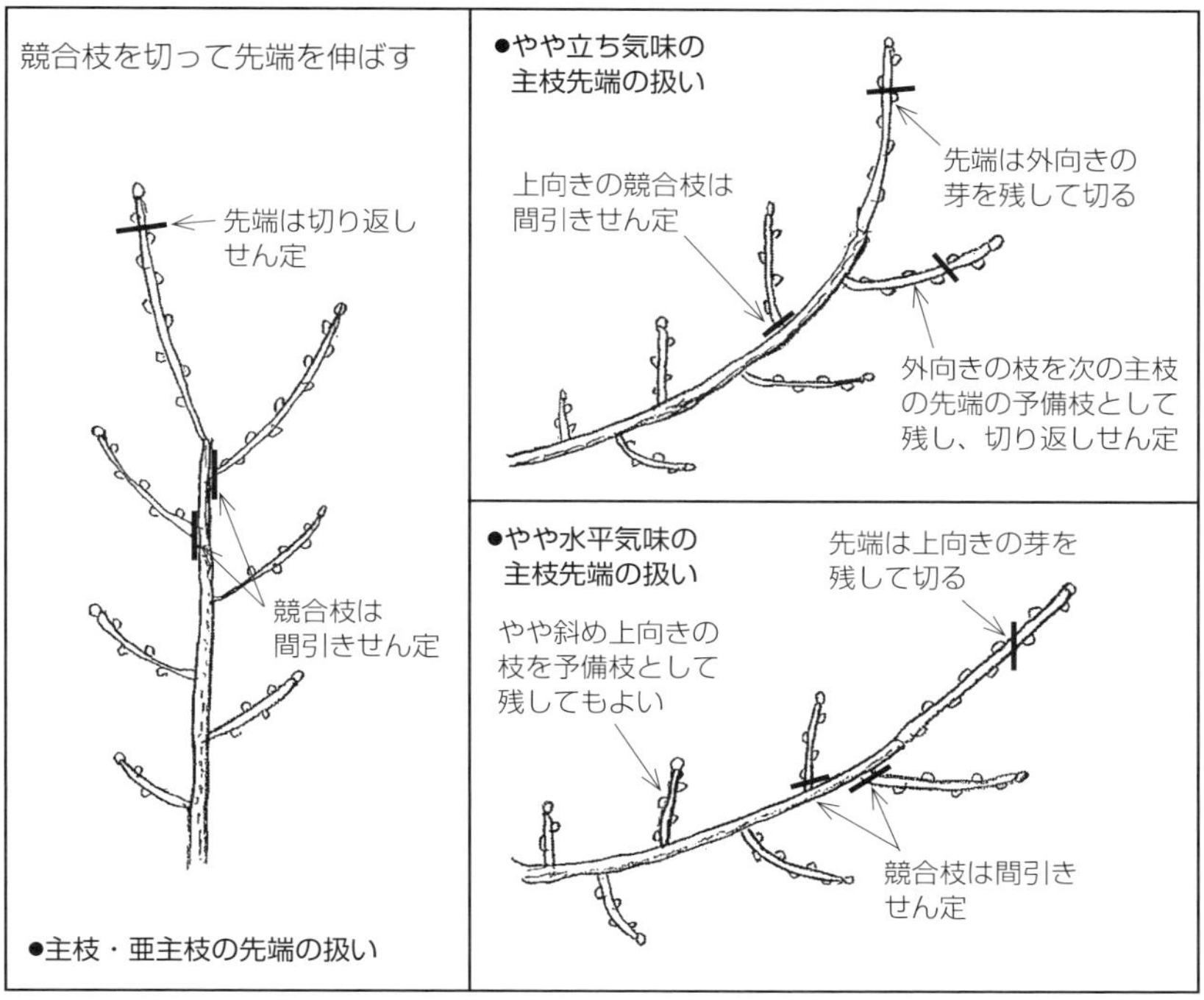

図3-4　主枝・亜主枝先端の切り方

写真3-5　亜主枝先端のせん定
方向のいいものを1本選び、軽く先端を伐り返しておく（矢印）

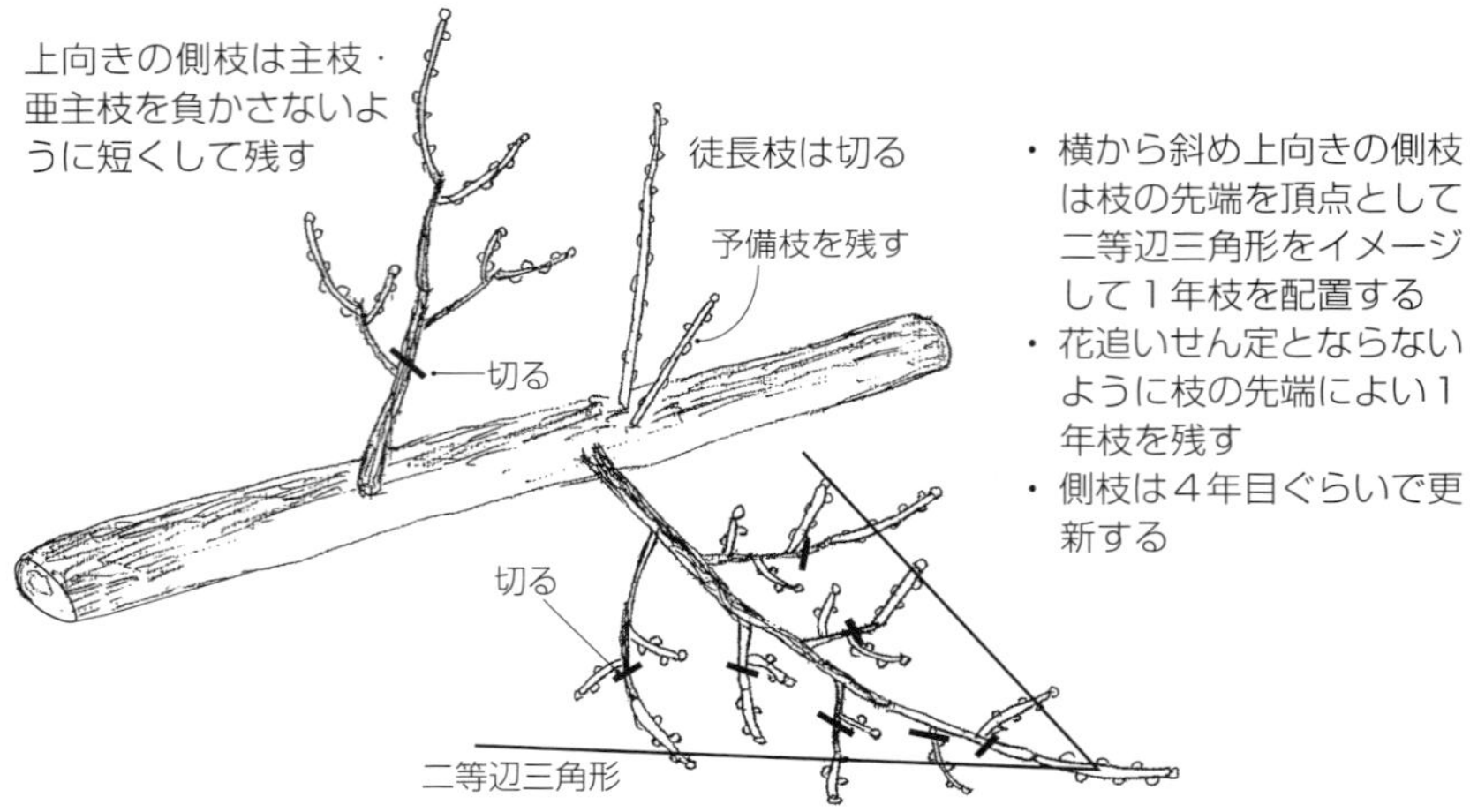
上向きの側枝は主枝・亜主枝を負かさないように短くして残す
徒長枝は切る
予備枝を残す
切る
切る
二等辺三角形
・横から斜め上向きの側枝は枝の先端を頂点として二等辺三角形をイメージして１年枝を配置する
・花追いせん定とならないように枝の先端によい１年枝を残す
・側枝は４年目ぐらいで更新する

図３-５　側枝の取り扱い方

方向のものを残す。主枝の角度は30～45度で伸ばすが、やや立ち気味の主枝は、外向きの芽で、水平気味の枝は上向きの芽を残して切る。

主枝が高くなった場合、誘引が可能ならば、できるだけ誘引で下げたほうが強せん定にならずに果実への光合成産物の分配が増加する。しかし、誘引で下げることができない場合は、主枝の下方・外向きの枝で更新する。主枝が下垂し、水平近くまで下がった場合は上向きに誘引し、先端も上向きの枝を残す（図3-4）。

④亜主枝の扱い

3本主枝では亜主枝を各主枝あたり2本程度配置する。亜主枝は、各主枝のやや背面から外向きとなる枝で、主枝の枝径の2分の1～3分の1の直径のものとする。主枝、亜主枝は先端を頂点とする二等辺三角形になるように樹形をつくり、基部には大きな枝は置かない。先端は主枝と同様に方向がよくやや立ち気味のものを1本選び、先端を軽く切り返しておく（写真3-5）。

⑤側枝は更新してつねに若い枝で

側枝は1年枝を着生させる枝で、枝の太さと角度により取り扱いを変える（図3-5）。

上向きの側枝は、主枝や亜主枝より強くなりやすいので短く更新する（写真3-6）。

写真３-６　立った側枝の切り戻し後
上向きの側枝は、主枝や亜主枝より強くなりやすいので短く更新する

このとき側枝上の1年枝数は、主枝、亜主枝が負けない程度で、下枝に光があたる程度に残すことが重要である。

横から斜め上向きの側枝は、枝の先端を頂点として二等辺三角形をイメージして1年枝を配置し、花追いせん定とならないよう枝の先端に充実のよい1年枝を残す。

また、長く垂れ下がった側枝や結果部が先のほうだけになった側枝は、1年枝が弱く、小玉果が多くなるので、切り戻して更新する。側枝の更新は4年程度で行ない、毎年樹全体の2割程度を更新する。

予備枝は、側枝を更新する1年前に準備する。更新する側枝の近くから発生した1年枝の中で方向がよく、ある程度強いものを予備枝として残す。1年枝の先端の花芽を切り戻しておくとよい側枝となる。あまり多く残すと、樹冠内の日あたりが悪くなるので注意する。

⑥1年枝の扱い

充実した1年枝（結果母枝）は前年度、着果してないか着果負担の少ない新梢で、先端まで太くて、芽が揃って大きいものである（写真3-7）。富有で15～40cm、平核無や西条では長さ10～25cmのものに良質な1年枝が多い。逆に、前年度、果実を着果した新梢や、遅く発芽した不定芽などでは枝の充実が悪くなり、先端に花芽がつかない場合が多い。また、徒長枝や2次伸長枝は、花芽の着生が悪く、着果しても大玉になりにくい。

2次伸長枝を1年枝として使う場合は、2次伸長の基部から新梢がたくさん発生するので、2次伸長部分は切除して使う。

●品種別結果母枝の残し方

これまでのカキのせん定時に残す1年枝（結果母枝）数は、樹冠1㎡あたり富有で4～5本、平核無、刀根早生も4～5本、西条が9～10本といわれている。しかしこれからLAIを推定すると、1.5程度とかなり低い。

高品質果実を多収するには、これまでより1年枝密度を増やし、LAIを高める必要がある（表3-1、図3-6）。富有では、果実の朱色の発現に8月から果皮の緑色の褪色期頃（10月中旬）までの光のあたり具合が重要で、最適LAIは2程度といわれている。しかし実際には、LAIを2.5程度に高めてもほとんどの果実はLAI2.5より明るいところに着果しているため、着色は

写真3-7
優良な結果母枝は先端近くの芽が大きい

表3-1　せん定時に残す1年枝（結果母枝）数の目安（従来の方式と多収方式）

せん定方式	品種	目標LAI	良質な1年枝長（cm）	1年枝数（本/㎡）	目標収量（kg/10a）
従来の方式	富有・松本早生富有	1.5	15～40	3～4	2
	平核無・刀根早生	1.5	10～25	4～5	3
	西条	2	10～25	9～10	2
多収方式	富有・松本早生富有	2.5	15～40	9～11	3
	平核無・刀根早生	2.5	10～25	12～15	3.5
	西条	3	10～25	15～18	3

ほぼ問題ない。そこで富有など朱色の果実は、LAIが2.5以上に高い場合には8月の果実肥大第Ⅱ期頃までに、徒長枝切りや摘葉などでLAIを2.5程度に下げる。富有ほどに着色に日あたりが必要としない黄色い果色の西条などは、生育、着色期間中ともLAIは3程度で管理を行なうのがよい。

富有の生育期の目標LAIを2.5程度とすれば、平均新梢長25cmで樹冠1㎡あたり30本の新梢、1年枝（結果母枝）からは3本程度の新梢が発生するので、冬季せん定時に残す1年枝数は10本程度とする（写真3-8①）。

平核無、刀根早生も生育期の目標LAIが2.5程度、ただしこちらの平均新梢長は15cmなので樹冠1㎡あたり40本の新梢、1年枝からはやはり3本程度の新梢が発生するので、冬季せん定時の1年枝数は13～14本程度とする。

西条では、目標LAIが3なので、平均新梢長が15cmとして樹冠1㎡あたり新梢は50本必要となる。結果母枝数は、樹冠1㎡あたり16本程度残すようにする（写真3-8②）。

なお、冬季のせん定時に、品種別に残した結果母枝が生育期に目標の新梢長を伴なっているかどうか見ることも重要である。目標とする新梢長となっていれば、ほぼ目標のLAIとなるが、新梢長が長い場合はLAIが目標より高くなるので、夏季せん定や摘葉を行なって調整する。逆に弱い場合は、施肥量を多くして樹勢を強くする。

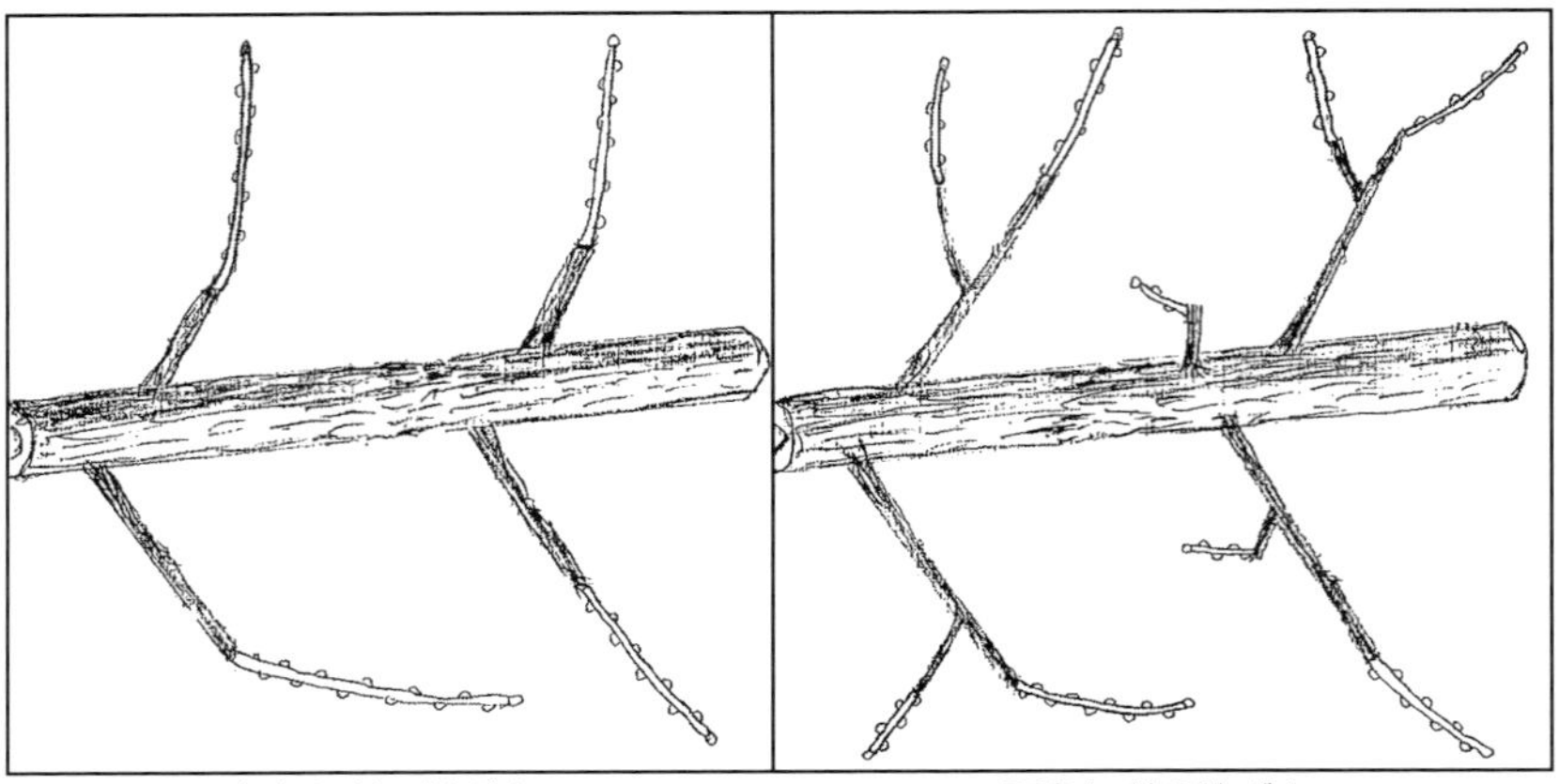

図3-6①　従来の１年枝の残し方

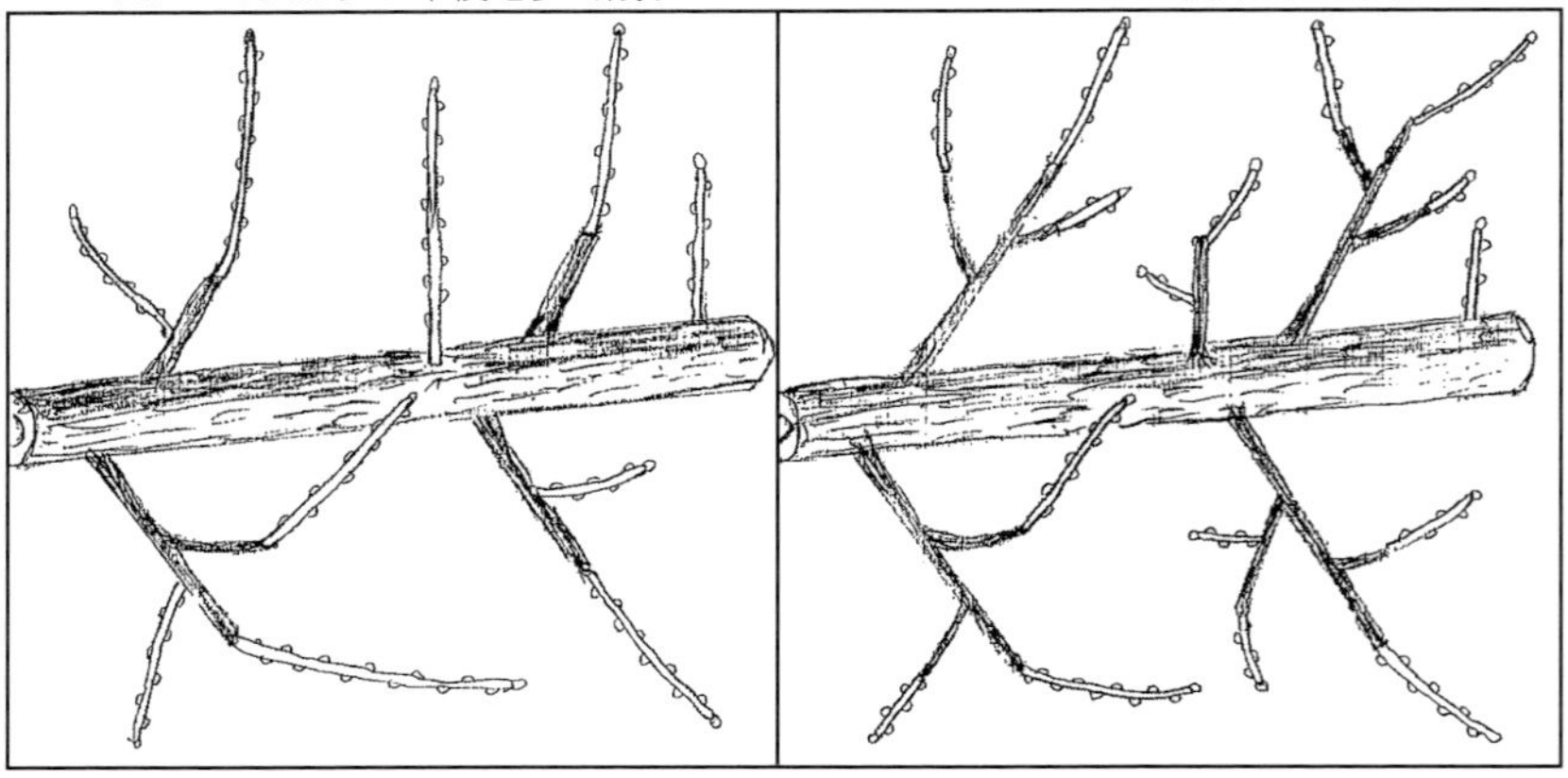

図3-6②　高生産型の１年枝の残し方

太秋は、一般のカキと同様、中庸から短い枝を残すせん定をしていると、雄花や両性花の着生が年々増えて雌花が少なくなり、収量が減少する。思い切った枝の更新などの強いせん定や、不定芽由来の新梢を多く利用することが大切である。

●枝の切り方の注意事項

①太い枝の切り方

カキは切り口の癒合が悪く、腐りこみやすい。太い枝は図3-7のように枝や幹に沿って滑らかに切り、切り口が残らないようにする。また、予備枝を出したいときは切り口の下部を多く残して切り、切り口に

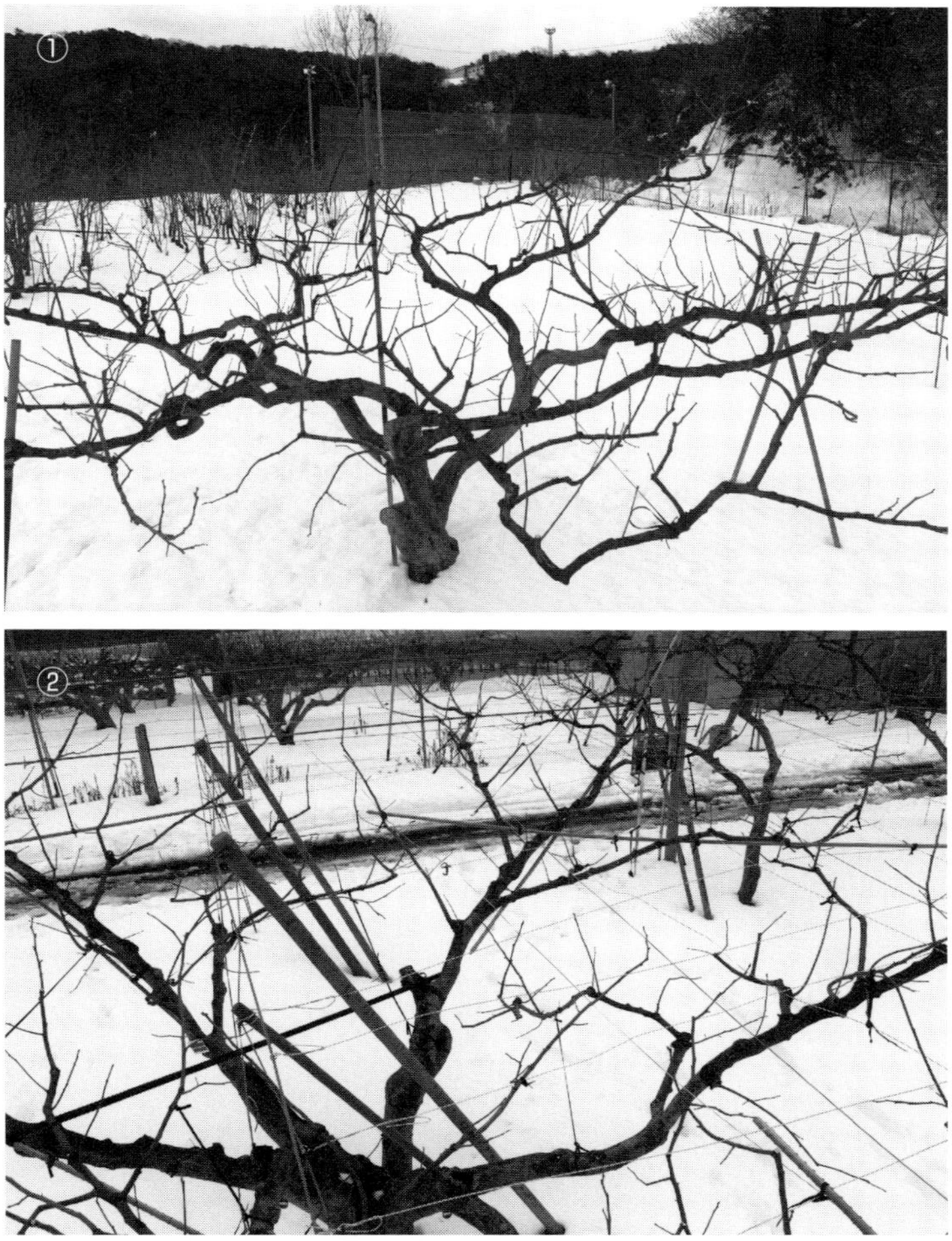

写真3-8　高生産樹の結果母枝の配置
①はLAI2.5を目指した富有の、②は同3.0を目指した西条のそれぞれせん定後の状況

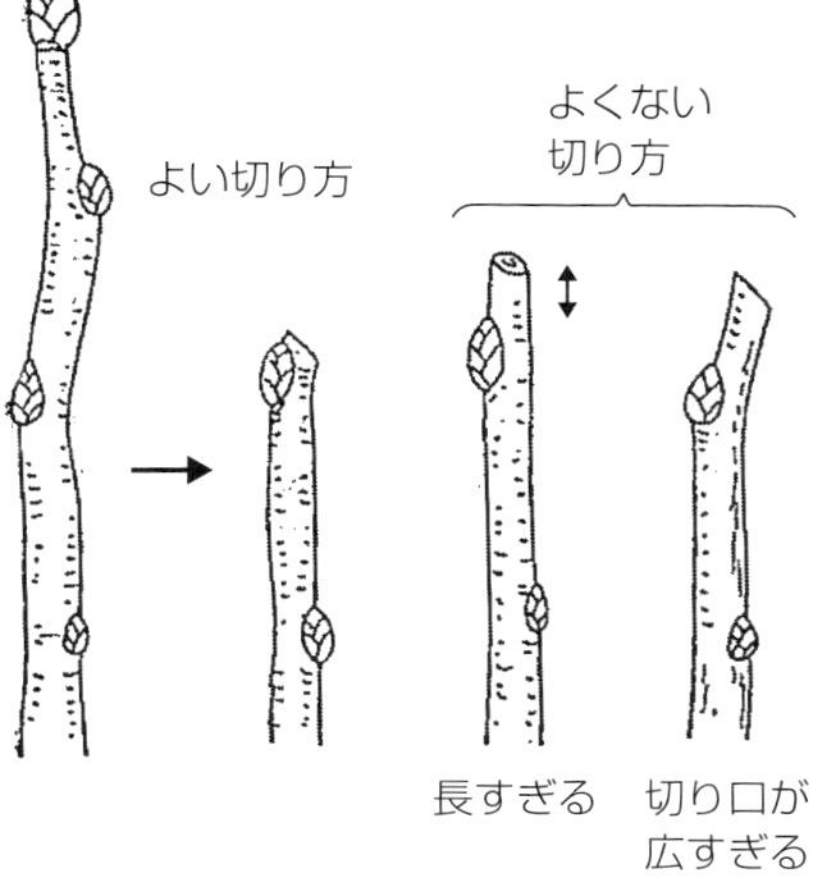

図3-8　1年枝の切り方（森田）

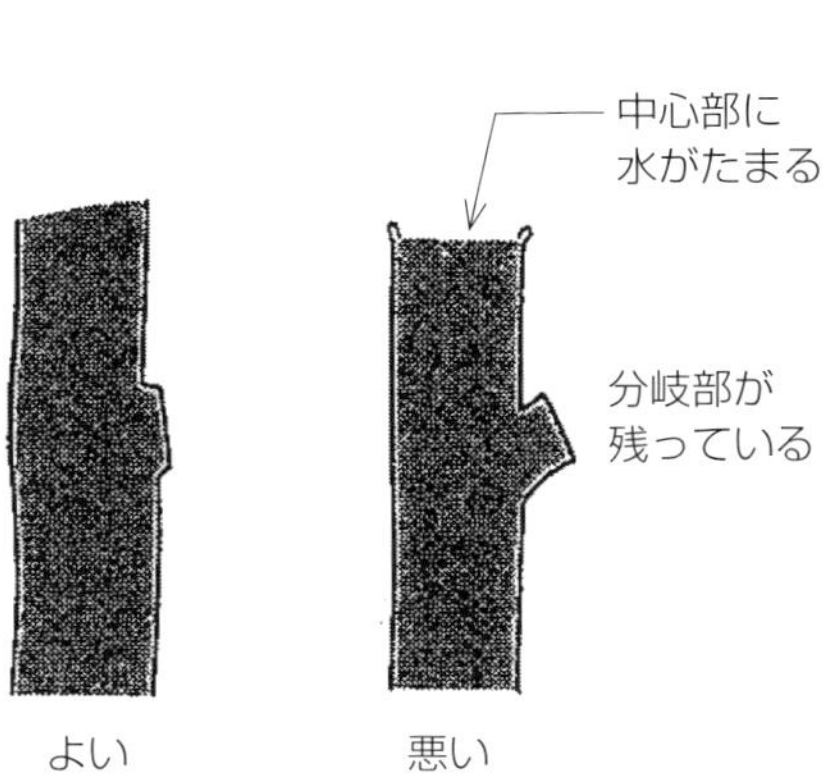

図3-7　太枝の切り方

は癒合剤を塗り保護する。

②1年枝（結果母枝）の切り方

1年枝（結果母枝）を切り返す場合は、芽の先端を図3-8のようにきれいに切る。また、1年枝から発生する新梢は、先端がもっとも強勢になりやすいので、先端の芽の方向にも注意する。先端の新梢を上向きにしたい場合は上向きの芽で、水平にする場合は横向きで、逆に下げるときは外芽を残す。

早秋や新秋など花蕾がたくさん着生する品種や、前年度収量が少なく次年度に着蕾数が多いと予想されるときは、1年枝の先端の1～2芽を切り戻して着蕾数を減らし、摘蕾労力を少なくする。

●改植と簡易な樹形改造

樹齢が進み、新梢の発生が少なくなったり生育も悪くなったりして樹勢が衰えたと判断したら、改植する。しかし、樹高が4m以上と高く、まだ新梢の発生も多く樹勢も維持されていると判断したら、樹高を下げるカットバックせん定や「すぽっと主枝再生法」を実施し樹を再生させる。

①カットバックせん定法

カットバック（低樹高化）せん定は、樹高5～6mになった開心自然形や変則主幹形の樹を、主幹の高さ2m以下のところから横向きに発生している亜主枝の上部で主枝を切り落とすやり方である。残した亜主枝の部分は弱せん定とする。

6月上旬になると、カットバックした切り口や亜主枝の上部からたくさんの徒長枝が発生してくるので、これを除去して樹形の乱れや日あたりをよくする。また、カットバックすると樹勢が強くなりすぎて、生理落果や果実の肥大が劣る場合がある。このようなときは、主幹または主枝の基部に幅2～3cmの環状剥皮処理を行ない、樹勢の制御と果実品質の向上を図る（写真3-9）。

写真3-9　主枝をカットバックした古木

②「すぽっと主枝再生法」

和歌山県が開発した「すぽっと主枝再生法」は、樹を2本主枝の低樹高Y字形に仕立て直すもので、既存樹を地上50～60cmでチェンソーで切断し、切り口には癒合剤を塗布する。

5月中旬になると不定芽由来の新梢がたくさん発生してくるので、主枝候補枝を選んで、残りは芽かきする。長い新梢は秋までに3m程度伸長するので、冬季に主枝候補枝として方向のよい1年枝を4本残す。翌年、4～5月頃に支柱をつけて、主枝の予定位置に誘引し、樹形を完成させる。

以上のような低樹高に樹形を改造する方法もある。

❷接ぎ木と苗木つくり

●台木の種類

日本のカキ台木には、カキ（共台）とマメガキの実生が使われている。共台は栽培ガキやヤマガキとの実生で、一般に直根性で細根が少なく、深根性で耐干、耐湿性とも強い。また、日本のカキ品種の甘ガキ、渋ガキとも親和性が高い。

マメガキは全国に分布し、君遷子、信濃柿と呼ばれている。共台に比べて実生の生育がよく、穂木の活着率も高く、接ぎ木後の生育も旺盛である。根群は浅く細根は多い。品種により接ぎ木親和性が異なり、次郎、平核無、西条などとの親和性は高いが、富有、横野などとの親和性が低い。耐寒性が強いため、関東以北のカキ産地の平核無などの台木に用いられている。

（台木品種については2章も参照）

●苗木の育成

①台木の養成

完熟した果実から採取した種子を水できれいに洗浄して、日陰で2～3日風乾後、ポリエチレン袋に入れて5～10℃の冷蔵庫で保存する。

カキは播種後発芽まで時間がかかり、発芽も不揃いである。このため、播種の10～15日前に種子を湿った砂の上に置いて乾かないように新聞紙などで上を覆い、ときどき灌水して湿気を与えて予措する。完全な種子は吸水し肥大してくるので、これらを集めておく。

3月下旬に予措した種子を苗床に播種し、種子が隠れるように覆土する。乾燥を防ぐために適時灌水を行なう。5月中旬から6月上旬に本葉が2～3枚に展葉した頃に移植する。そして、苗は排水良好な肥沃な圃場を選び定植する。定植後は生育が旺盛になるように、8月まで速効性肥料を4～5回追肥し、秋までに60cm程度に伸ばす。

②穂木の選定

穂木は、自発休眠が終わった1月末から2月末までに品種、系統のはっきりした樹から充実した1年枝を採取し、乾燥しないようにポリエチレン袋などに入れて2～10℃の冷蔵庫で貯蔵する。活着率のよい穂木は充実した1年枝である。

③接ぎ木の実際

接ぎ木前に接ぎ穂（穂木）は2～3芽にして、80～90℃のパラフィン（70℃融点のパラフィンに10～20%の蜜ろうを混ぜたもの）でコーティングして保存する。接ぎ木時期は、台木が展葉を始めた頃がよく、3月下旬から4月下旬に接ぎ木をする。

切り接ぎでは、接ぎ穂の片面を2～3cmに滑らかに切り、反対面も1cm程度切る。これを乾燥しないように置き、台木を地上5～6cmで切り、形成層がかかるように垂直に2～3cm切り込み、そして、穂木の形

写真3-10
切り接ぎによる苗の育成
穂木と台木の形成層が密着するように差し込む

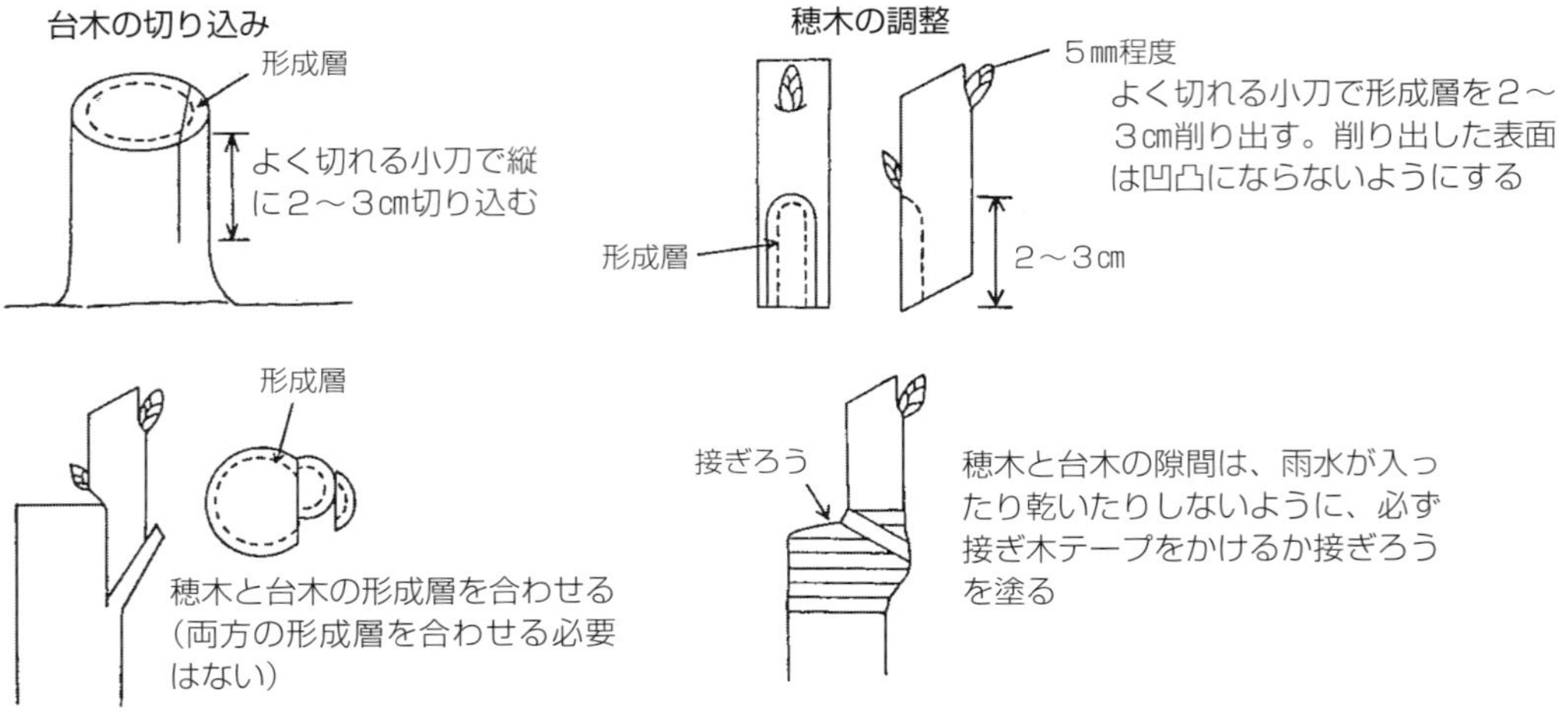

図3-9　接ぎ木の方法（島根県果樹栽培指針）

成層と台木の形成層が密着するように穂木を差し込む（写真3-10）。穂木と台木の太さが異なるときは、片側の形成層が密着するようにする。接ぎ木が終わると、接ぎ木テープできつく縛っておく（図3-9）。接ぎ木後、2~3週間すると台木部分の芽が発生してくるので、必ず芽かきを行なう。接ぎ穂から2芽以上出たら1芽を伸ばす。

●大苗育苗

業者から購入したカキ苗木は、一般に細根が少なく、植えると植え傷み状態となることが多い。そのため1年目の新梢の生育が悪く、2年目から徐々に生育を始め、成園化するのが遅い。できるだけ早く成園化するための方法として大苗育苗技術が開発されている。

大苗育苗は、購入した1年生苗を25ℓ程度のプラスチック鉢などに植え付け、1年間で樹高を2~3mの大苗に育てるものである（写真3-11）。用土は、排水がよくて軽量で運搬が容易なものとしてピートモスとバーミキュライトなどを等量混合したものを用いる。苗木を植え付けた後は、用土が乾かないように定期的に灌水を行ない、5月~9月までチッソ成分で1樹あたり5g程度を定期的に施肥する。このように育てた苗は、細根が多く大苗となり、本圃に植えたあとに速やかに育つため、早期成園化したい園やジョイント栽培園に向く。

写真3-11　ポットで育苗中の大苗

❸ 高接ぎ更新

最近は、早生で着色のよい早秋、サクサク感のある太秋、大豊などの新品種が発表

写真3-12　枝の断面に行なう剥ぎ接ぎ

され、関心を集めている。これらの品種に短期間で品種更新する方法として高接ぎ更新がある。高接ぎ更新は、ある程度樹勢のよい園で行ない、樹勢の弱い園や樹齢の進んだ園では改植を行なう。

　高接ぎには、切り接ぎ、剥ぎ接ぎ、腹接ぎなどで行なう一挙更新、2～3年かけて行なう順次更新がある。接ぎ木適期は、発芽期から展葉期の4月上～下旬がもっともよいが、5月下旬までは十分に接ぎ木が可能である。

　方法としては、主枝、亜主枝を切断し、切り口に数本の穂木を剥ぎ接ぎし（写真3-12）、側枝などの細い枝は切り接ぎを行なう。切り接ぎができない場合は枝の側面に腹接ぎを行なう。接ぎ木時は穂木と台木の形成層を密着させ、接ぎ木用テープで固定する。また、切り口や接ぎ穂は乾燥を防ぐため、接ぎろうなどを塗っておく。活着した新梢は、上向きの新梢ほど生育が旺盛となるので、支柱や添え木をして固定しておく。

　高接ぎを成功させるポイントは、次々に発生してくる台木部分の不定芽をできるだけ早く取ること、接ぎ木部にできるカルスに樹幹害虫が入りやすいので、ときどき見回って防除することである。

4 休眠期防除と防鳥対策

●炭疽病とカイガラムシ対策

　炭疽病は新秋、太秋など近年育成された甘ガキで発生が多い。最近は発生が少なくなったものの気象条件によってはふたたび増える可能性がある。せん定時に罹病枝を切除し、焼却するか園外に持ち出す。休眠期にホーマイコートの散布を行なう。

　またカイガラムシは近年発生が増加している。発生園ではこれ以上増えないよう、粗皮削りを行なってマシン油乳剤を散布する（95％製剤では20倍、97％製剤は50倍で散布する）など、対策に努める。

●防鳥対策

　3月に入ると、せん定もほぼ終わり徐々に1年枝の芽が膨らんでくる。当年の生産を左右する大切な芽をウソなどの鳥による食害から防ぐ。

　ウソは日本の高山などで繁殖し、一部はシベリヤからも渡ってくる。山の実りが少ない年などは、冬から春先にかけて里山に大挙して降りてきて、カキやモモの芽などを食害する。サクラの芽もよく食害するので、被害がないかよく観察して、時期が遅れないように園内に防鳥テープを張り、爆音器を配置するなどの対策をとる。

実際編

第4章

4〜5月 発芽・展葉期の管理

温暖化の影響か、前進化する萌芽・展葉にしっかり防霜対策。早めの芽かき・ねん枝で貯蔵養分の浪費を防ぐ

1 発芽確保と防霜・風対策

●冬〜春の気象条件と発芽

1月中下旬までのカキの芽は、高温を与えても発芽しにくい自発休眠状態であり、耐寒性が強く、マイナス10℃以下の低温にも耐える。2月以降になると、高温により休眠がさめる他発休眠期となり、自発休眠期に比べ温度に敏感に反応し、2月〜3月の気温が高いと発芽期が早まる。

島根県における西条の展葉期の年次変化を見ると、2004年頃までは4月10〜16日であったのが、2010年以降は4月6日より早くなることが多く、徐々に展葉が早くなっている。展葉期が早まっても気温の高い状態で推移すれば晩霜害の危険はない。

しかし近年、地球温暖化により気温の上下変動が大きくなっており、寒の戻りがあると晩霜害の危険性が高まる。早めに防霜対策がとれるように準備をしておく。

写真4-1　霜害を受けた富有の樹（左）と新芽（右）

●霜害発生の条件

霜害は、カキの新芽に霜がつくと組織が凍結し破壊されて発生する。霜がとけてしばらくすると樹全体の新芽が褐色に変色して枯死する（写真4-1）。

カキは芽が膨らんで緑色に見えてくるようになると、低温に対して非常に弱くなる。この限界温度は、萌芽期（写真4-2①）でマイナス2.7～マイナス0.8℃、展葉期（写真4-2②）でマイナス2.0～0℃で、これ以下の温度に30分以上遭うと被害が発生する。

霜の降りそうなときは、前日夕方の天気予報で注意報が出されるので参考にする。晩霜の発生が予想されるのは、天気図でみると、低気圧が通過したあとに、高度5000mでマイナス20℃以下の移動性高気圧に日本列島が覆われるような日で、無風の夜である。とくに前日の最高気温が15℃以下、空が快晴で澄み切っているような夜で、夕方18時に8℃で朝5時に0℃となる気温下降線（図4-1）より低下したときは、朝方の気温が氷点下となり、霜が降りやすい。

●防霜対策の実際

防霜対策としては、燃焼方式、送風法、散水氷結法などがある。

①燃焼方式

燃焼方式は、石油缶などに灯油や固形燃

写真4-2　萌芽期（①）と展葉期（②）．品種は富有
この時期に0℃以下の低温に一定時間遭遇すると霜害が発生する

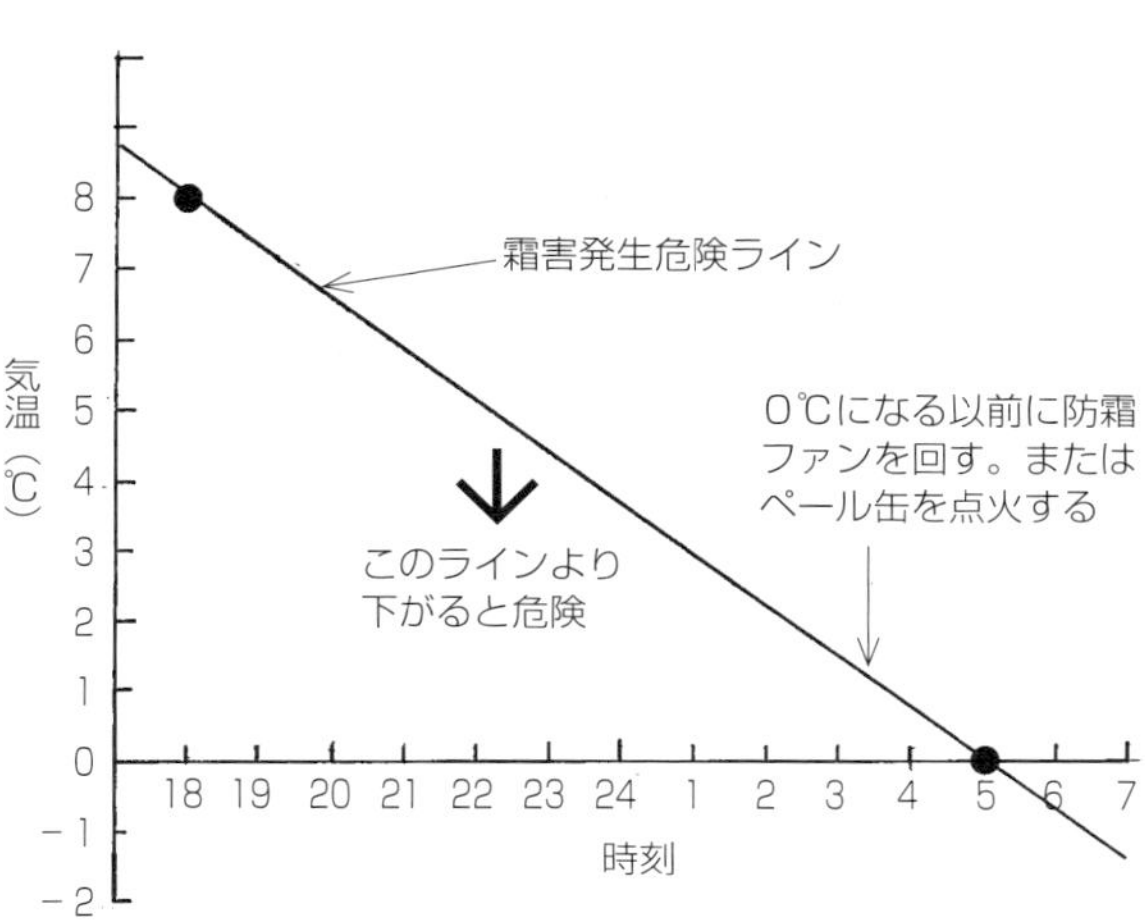

図4-1　霜害が発生する危険温度

写真4-3
ペール缶に灯油を入れ、芯材としてペーパータオルなどを使用して燃焼させる（左）。それを10aあたり20缶ほど設置する（上）（いずれも山根原図）

料を使用したヒーターを園内に配置し、気温が低下して1～0℃となったときに燃焼する方法である。効果が高くて経費も安上がりであるが、人が一晩中ついて火を絶やさないようにしなければならない。この改良方式として、ペール缶を用いた方法が行なわれている。ペール缶（5ℓ）に灯油を入れ、芯材としてペーパータオル、ロックウールなどを使用し燃焼する方式で、10aあたり20缶程度をおく（写真4-3）。この方式では3時間程度燃焼する。

実際には、園内のもっとも気温の低いところに温度計を吊るしておき、0℃になる前から徐々に点火し（図4-1）、もっとも気温下がる3～6時に園全体の缶が燃えるようにする。日の出後も気温が0℃を超えるまでは燃やしておく。

②送風方式

送風法として防霜ファンが有効である。防霜ファンは放射冷却現象によって発生する上空の逆転層にある暖かい空気を高さ9m程度の大型ファンで地表面に送って霜の害を防ぐ方法である。10aあたりのファンの設置数は直径70㎝のもので2台、90㎝のもので1台である。気温が2℃以下になると自動的にファンが回るようにする。

③散水氷結法

散水氷結法は樹体に常時水をかけて、樹体温度を0℃以下にしないようにする方法である。この方法は、大量に散水するので、水が十分に確保でき、速やかに排水できる園地で行なう。また、灌水用のスプリンクラーを高くしただけでは水がかかるのが不均一となり効果が劣るので、防霜専用ノズルの付いたスプリンクラーを10aあたり20カ所程度設置する。途中で水がかからなくなると、氷結して凍霜害がひどくなるので、水を絶やさないことが大切である。

●風対策も忘れない

①物理的被害だけでなく収量にも関わる

春先の4月～5月は低気圧通過後の春一番や、フェーン現象による風速20～30m／秒の強風が吹きやすい。展葉直後の葉や新梢は軟らかく、強風で葉が傷んだり枝が折

写真4-4　風害を受けたカキの新梢

れたり、ひどいときには蕾まで落ちる（写真4-4）。新梢が折れると2次伸長し、その年の生理落果を助長するだけでなく、翌年の花芽形成にも悪影響が出る。また葉が傷付くと、傷口から灰色かび病が発生しやすく、ひどいときには落葉する。

一方でカキの葉の光合成速度は、風速0.5m/秒程度がもっとも高く、それより風が強くなると低下する。つまり、防風をしっかりするほど風による物理的な被害がないだけでなく、光合成も盛んになり収量が増加する。

写真4-5　防風ネットの設置

②防風樹とネットで

このため、開園時は、できるだけ風あたりの少ないところを選び、園の周囲には防風樹か防風ネットを必ず設置する（写真4-5）。防風樹は、年中葉がついている常緑樹がよく、風による倒伏が少なく、害虫の巣になりにくいものがよい。西日本ではスギ、ヒノキ、サンゴジュ、マキなどが使われている。

しかし防風樹は樹が大きくなるまでは防風効果が現われないので、早急な対策としては、防風ネットがよい。

防風ネットの支柱は鉄骨の足場パイプでつくられることが多く、高さは5m程度である。風下側への減風効果は、高さの5～10倍までなので、ネットの設置は30～50m間隔とすると効果が高い。また、倒れ防止用のパイプやアンカーを設置して強度を高め、ネットの網目は4～6㎜とする。

2 芽かきとねん枝——6月までに終えておく

●狙いは貯蔵養分の浪費防止

展葉後、枝の切り口などの不定芽から新梢がたくさん発生する。この不定芽から発生した新梢は、日あたりを悪くして樹形を乱すおそれがあるので、早めに芽かきして貯蔵養分の浪費を抑える。余分な枝は出さないようにし、貴重な新梢は大切に育てる（写真4-6）。

結果母枝や側枝として残すものは、発生角度が、横向きからやや上向きの新梢から、長さが20～50㎝で先端が太いものを1～2本選び、他はせん除する。主枝や亜主枝の背面から発生する新梢は徒長枝となりやすいので、早めにかき取る。

●ねん枝・誘引で新梢の勢いを弱める

摘蕾時期から6月上旬になると、不定芽の強さがよくわかるようになる。そこで、必要な枝で強大になりそうな新梢はねん枝をしておく。

やり方は、新梢が離脱しないよう、ねん枝する節の基部を持ち、その2～3節上をもう一方の手で持って枝をねじる（図4-2）。ねん枝した部分の細胞の一部が壊れることで新梢の生育が抑制される。ねじる際は、翌年の結果母枝や側枝の予備枝として使えるよう、目的の方向へねん枝する。

40㎝以上の新梢で必ず結果枝や予備枝とするときは、針金で斜めに目的方向に誘引する（写真4-7左）。ただし、いつまでも針金をつけておくと、枝に食い込むので7月下旬には取り除く。

また、上向きの樹勢の強い亜主枝候補枝や側枝はE字クリップを用いて樹勢を弱め

写真4-6
不定芽は早めに芽かきして貯蔵養分の浪費を防ぐ
芽かき前（上）、芽かき後（下）

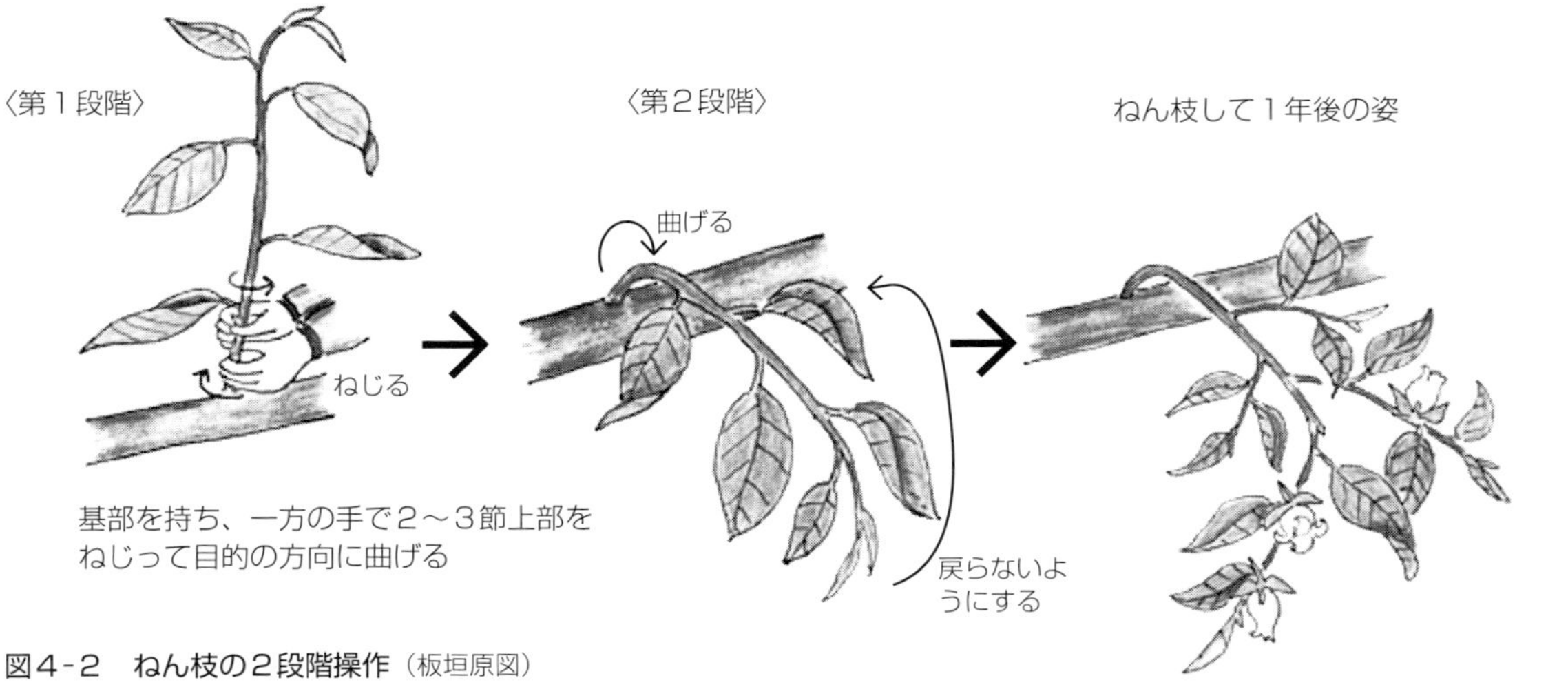
〈第1段階〉
ねじる
基部を持ち、一方の手で2～3節上部をねじって目的の方向に曲げる
〈第2段階〉
曲げる
戻らないようにする
ねん枝して1年後の姿

図4-2　ねん枝の2段階操作（板垣原図）

写真4-7　針金による誘引（左）とE字クリップによる誘引（右）

たり、下方へ誘引したりする（写真4-7右）。

3 この時期の病害虫と園地管理

●おもな病害虫対策

①ケムシ類が活発になる

展葉直後からハマキムシ類、クワゴマダラヒトリ、マイマイガなどのケムシ類が葉を食害することが多い。ケムシ類に効く薬剤を散布し、多発園では主幹にガムテープを巻いて、その上から粘着スプレーを散布、ケムシが樹に上がれないようにする。

②カイガラムシは防除適期

カイガラムシ類ではフジコナカイガラムシの被害が多い。この越冬幼虫は3月下旬から新梢へ移動を開始し、発芽し始めた芽の付近に集まり、成虫となり産卵する。9月下旬までに3世代程度発生する。第1世代幼虫は葉裏や幼果のへたなどの日陰部分に集まり、第2～3世代は果実のへた部分に多く集まって排せつ物を分泌し、すす病の発生が多くなる。発生初期の4～5月の基幹防除が大切である。

③強風のあとは灰色かび病に注意

強風が吹いて葉が傷付くと、傷口から灰色かび病菌が侵入しやすくなる。とくに、強風後に降雨が続き気温が下がると激発するので、ただちに治療効果の高い薬剤を散布する。

●3月中旬までに全園除草を

一般に、夜間は植物体の温度が周辺の気温より低くなる。このため、雑草が生えていると裸地より夜温の空気が下がりやすく、霜害がひどくなる。霜の発生が心配される3月中旬までに全園の除草を行なう。

また、カキ園は丘陵地や傾斜地が多いので、霜の被害の心配がなくなった4月下旬以降は、園地の表土の流出防止や有機物補給を図るために草生栽培とし、1～2カ月ごとに除草を行なう。

実際編

第5章

5〜6月 開花・結実期の管理

カキ大玉生産のカナメの技術、摘蕾。品種によっては人工受粉も必要

1 摘蕾のねらいと実際

●摘蕾の役目

①大玉果生産の前提

カキは、結果母枝から4月に新梢が出て葉が展開すると同時に、花蕾も生育のよい新梢に着生する。この花蕾はその後、5月中下旬に開花し、満開となって花弁は落ちるが、幼果の細胞分裂は開花後1カ月くらいまで続く。細胞分裂が終わると収穫期まで今度は各細胞が肥大し、果実が大きくなる。

カキは、5月の開花期頃までは貯蔵養分を利用して新梢や花蕾を生育させている。摘蕾の役割はこの貯蔵養分の損失を抑え、かつ光合成養分を摘蕾で残した幼果に集中して、それぞれの細胞数を増加させ、大玉生産につなげることである（図5-1）。収益の向上と、摘果労力の削減にもつながり、作業性の向上が図られる。また、摘蕾し花の数を減らすことで果実に十分な養分が回り、その結果、単為結果力が強まり、生理落果も少なくなる。

②新梢を充実させ、花芽分化も順調に

カキの花芽分化は、新梢伸長が止まったあと、6〜8月に新梢の先端付近の芽の中で行なわれる。このとき新梢に十分な養分がないと花芽が形成されない。摘蕾をせず、7月中下旬の摘果だけで管理していると、花芽分化期に花芽に十分な養分がいかないため、隔年結果する場合がある。翌年の花芽形成のためにも摘蕾は重要な作業である。

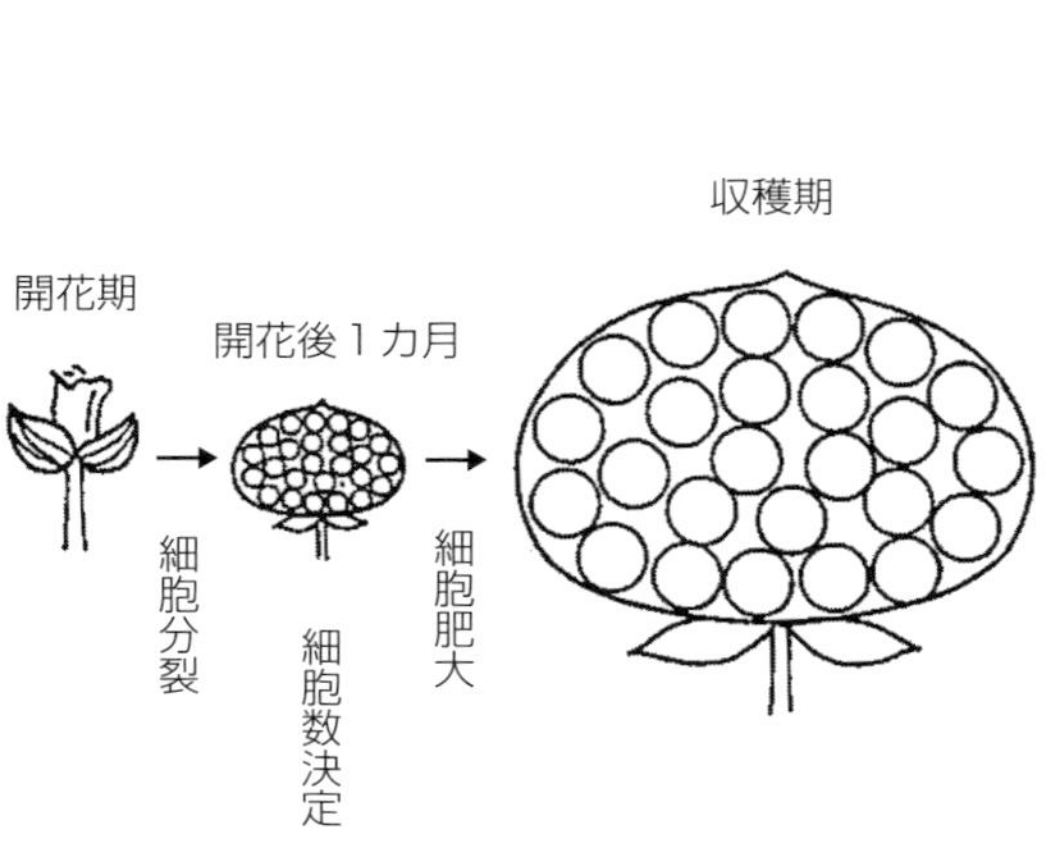

図5-1　果実肥大の模式図（松村原図）

また、富有でへたすき果を減少させるためには、摘蕾を行なって8月以降の極端な肥大を防ぐことが大切である。

●摘蕾の実際

①摘蕾適期は開花15～5日前

摘蕾の時期は、花蕾のかたちがわかるようになる開花前15日から5日頃である（写真5-1）。この時期は花蕾が手で簡単に取れるため、作業能率は高い。時期が早すぎると奇形花が判別しにくいうえ、新梢が折れることがある。また遅れ花の摘み残しが多くなる。逆に、遅くなると果梗が硬くなって、ハサミが必要となるので労力が多くかかる（写真5-2）。

写真5-1　富有の摘蕾適期

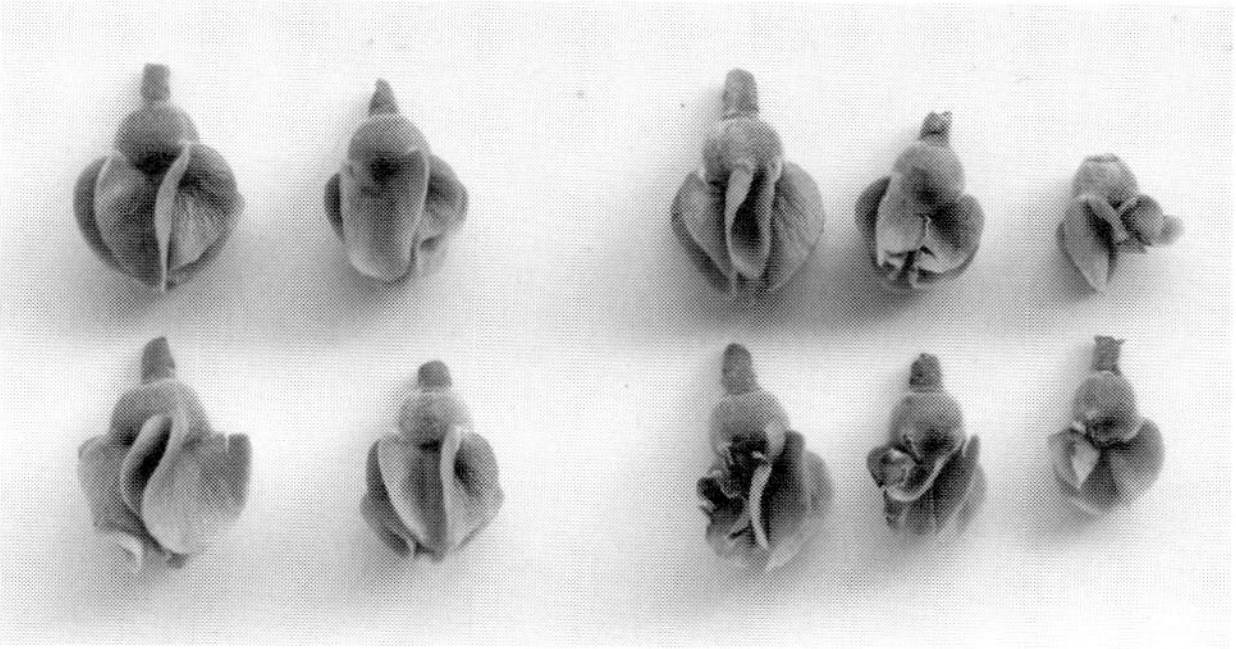

写真5-2
左4つは残す蕾、右6つは奇形や障害のある蕾で落とす

摘蕾の順序は、開花の早い品種や人工受粉する品種、弱勢樹や着果の多い樹は早めに実施し、蕾は少なめに残す。強勢樹では樹を落ち着かせるためにやや遅れ気味に実施し、蕾は多めに残す。

②どんな蕾を残すのか

摘蕾は、主要品種の甘ガキ、渋ガキとも収穫果の大きい果実ほどしっかり行ない、蕾を少なくしてやる。

富有、次郎、平核無など果実重が250g以上となる品種は、基本的に20～40cmの新梢（結果枝）で1枝1蕾、40cm以上の強い結果枝で2蕾、葉が5枚以下の枝はすべて摘む。果実重が200g程度の西条などの品種はやや多く残し、10～20cmの新梢で1蕾、20cm以上で2蕾にする。10cm以下の新梢はすべて摘む。

また、主枝や亜主枝の先端など伸ばしたい枝の蕾はすべて摘む。そして、奇形果、傷果、枝に挟まれる蕾、遅れ花はすべて摘み、へたが揃った大きな蕾、果梗が揃った太く緑の濃い蕾、横向きまたは斜め下向きの蕾のなかで、新梢の中央から先端にある蕾を残す（図5-2）。若木や樹勢の強い樹は生理落果が多いので、やや多めに残すようにする。

平核無では、ほぼ中央の花蕾が大玉になりやすいので、新梢の着蕾数に応じて花蕾を選ぶ（図5-3）。早秋は奇形が多いので1枝2蕾と多めに残す。

早秋（写真5-3）、新秋など着花数が非常に多い品種は、30cm以上ある長い1年枝（結果母枝）の先端1～2芽を切り戻すと、摘蕾労力が50％程度省力化されるうえに、枝先端の果実の挟みこみが少なくなる。

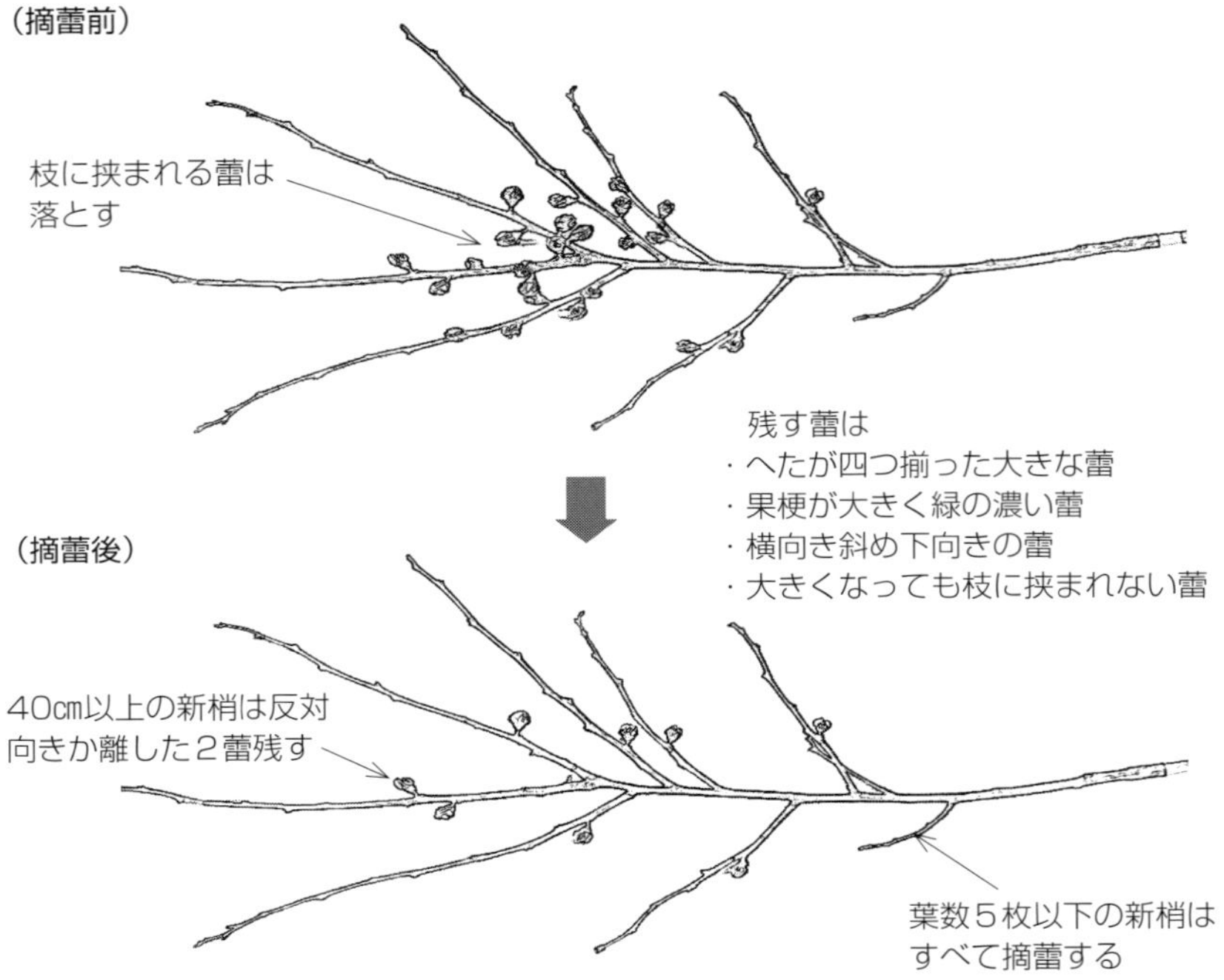
（摘蕾前）
枝に挟まれる蕾は
落とす
残す蕾は
・へたが四つ揃った大きな蕾
・果梗が大きく緑の濃い蕾
・横向き斜め下向きの蕾
・大きくなっても枝に挟まれない蕾
（摘蕾後）
40cm以上の新梢は反対
向きか離した2蕾残す
葉数5枚以下の新梢は
すべて摘蕾する

図5-2　摘蕾の方法

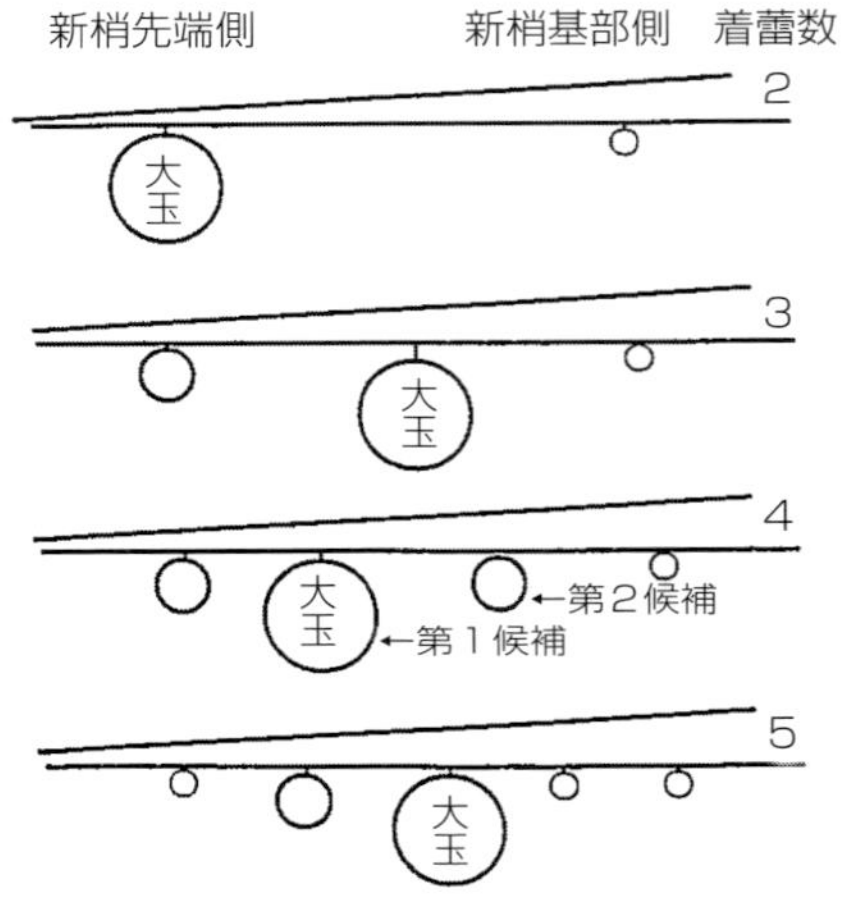
新梢先端側
新梢基部側
着蕾数
2
3
4
5
大玉
←第2候補
←第1候補

図5-3
着蕾数に応じた大玉化のための摘蕾方法
（平核無、伊藤）

2 開花と人工受粉

●カキの開花と受精

カキの花には、雄ずいが退化した雌花と、雌ずいが退化し雄ずいのみ大きく発達した雄花がある。カキには、富有や次郎などのように雌花のみ着ける品種と禅寺丸のように雌花と雄花両方を着ける品種がある。また、太秋のように雌花、雄花とともに両性花を着ける品種もある。一般に、雄花の花粉が雌花の柱頭に運ばれ、そこで発芽して、雄核が子房内で卵核と結合、受精して種子が形成される（図5-4）。

●人工受粉のねらいと実際

①品種によって必要性が異なる

カキの品種で、果実の中に種子が少ないと生理落果するものや、渋残りするものがある。このためこれらはミツバチや人手による受粉を行なう。

表５‐１にそれらの特性をまとめたが、たとえば西村早生は不完全甘ガキで、種子が多く入らないと渋が抜けない。したがって受粉を行なって種子数を増やす。また、伊豆は単為結果性が低いため、種子が少ないと生理落果しやすい。これも必ず受粉を行なって生理落果を軽減する。早秋、西条、富有なども単為結果力がやや弱く、前期生理落果も不受精が原因でおこることから受粉をきちっと行なう。

また、これらの品種では、若木時や、樹勢が強く新梢伸長が旺盛な場合に生理落果が多発するので、人工受粉を行なって確実に着果させる。また、富有は種子の入りが悪いと果頂部がへこむ特質がある。

逆に、次郎は受粉して種子が入ると果頂裂果しやすくなるので受粉樹を混植しな

写真５‐３　早秋の 45㎝の結果母枝に着生した蕾
54 個の正常果と 12 個の遅れ花が着生して養分を消耗する

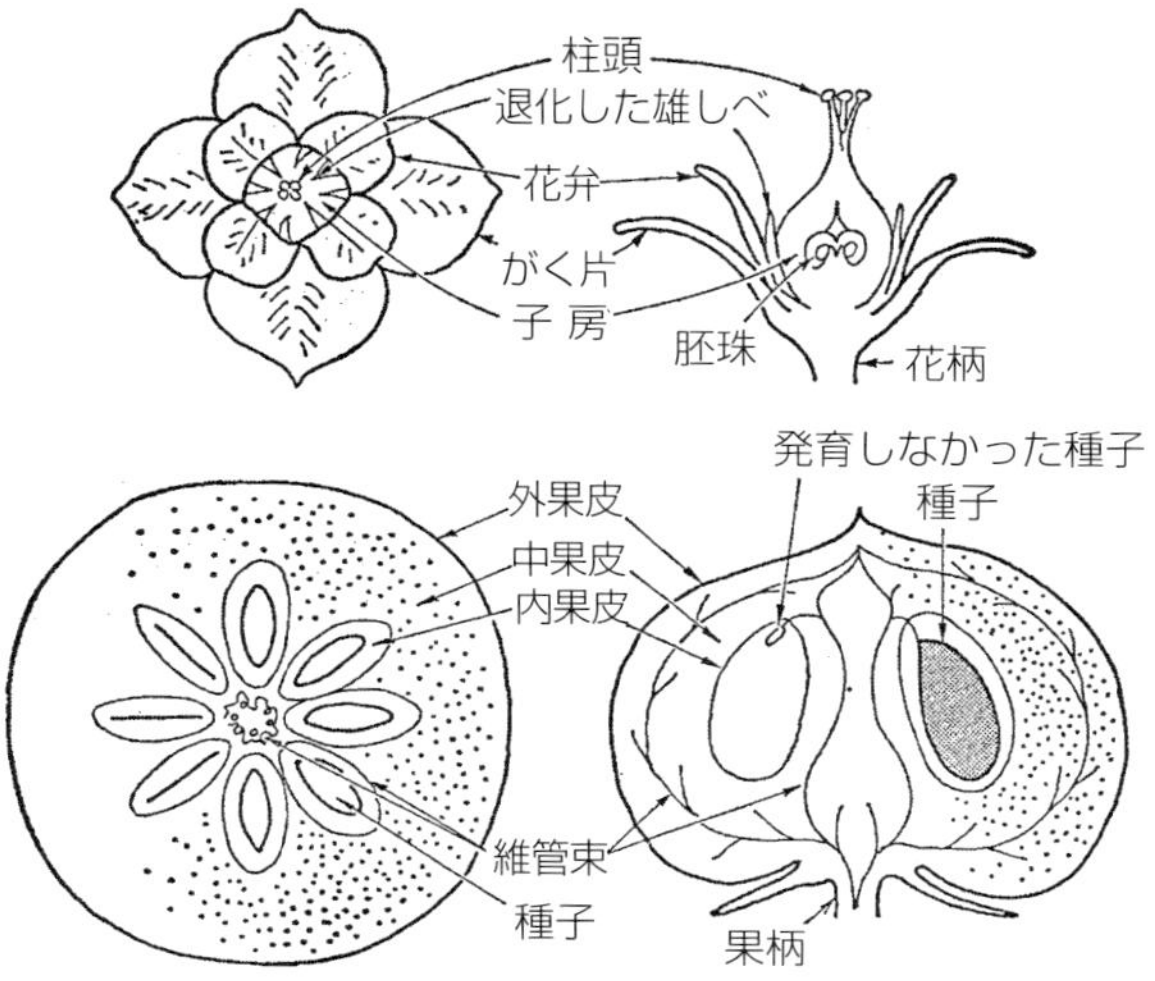

図５‐４　カキの雌花と果実の構造
（『新版　図集　果樹栽培の基礎知識』熊代克己他著、農文協、173p より）

表５‐１　カキのおもな品種の人工受粉の必要性と注意事項

品種	人工受粉の必要性	単為結果性	種子形成力	備　考
西村早生	有	やや高	高	一定の種子数が入らないと渋残りする不完全甘ガキ
伊豆	有	やや低	やや低	結実を安定するために種子数を増やす
早秋	有	やや低	やや低	生理落果防止のため種子数を増やす
刀根早生・平核無	無	高	低	無核
西条	有	中	やや低	生理落果防止のため種子数を増加する
太秋	無	低	やや低	生理落果少
次郎	無	中	高	種子が入ると果頂裂果しやすいので無受粉
松本早生富有・富有	有	やや低	高	種子が少ないと生理落果の増加や果頂部のへこんだ果実が増加

＊「農業技術大系」果樹編（農文協）より抜粋、一部加筆

写真5-4　ミツバチの巣箱は40～50aに1箱程度、日陰で風あたりの少ない場所に置く

い。他の品種の受粉樹として植える場合は次郎から離れた場所にする。

②受粉樹の特性と混植割合

受粉樹は、雄花の開花期が栽培品種の雌花のそれと一致すること、また雄花の着生が毎年安定していること、1花あたりの花粉量が多く、目的の栽培品種との稔性が高いことが求められる。これらの条件に合うのが、禅寺丸、赤柿、正月、サエフジなどである。

これらの受粉専用品種の混植割合は主要品種の1～2割とし、全園に均一に配置することが望ましい。ただし混植割合を高めるほど収量が低下するので、園の周囲が空いていれば植える。また、伊豆のように生理落果の多い品種は混植割合を高めにし、比較的少ない西条、富有は少なめでよい。

③ミツバチによる受粉

受粉作業の省力化と受粉促進に、ミツバチの導入が効果的である。10aあたりの作業時間で、花粉採取に10人役、交配作業にも10人役ほど必要となるが、ミツバチの導入でその労力が削減される。

40～50aに1箱程度を、日陰で風あたりの少ない場所に置く（写真5-4）。箱の出入り口から雨水が浸入しないようにわずかに傾けて設置する。ミツバチ導入の1週間前や導入中は、殺虫剤の散布を控える。ミツバチの活動は気温21℃が最適で、雨天や気温が16℃以下になると活動が鈍るので注意する。

写真5-5　禅寺丸の雄花（上）、花粉採取期の花と花粉（下）
下は左から雌花、2番目の上が花粉採取適期の雄花、下はやや早い雄花、3番目はやや遅く開花した雄花、右端上は葯、下は花粉

④人工受粉の方法

ミツバチが導入できない場合は人工交配を行なう。花粉は禅寺丸などの花粉の多い品種から採取する（写真5-5）。雄花は夜明け前に開花し、風が吹くとその日のうち

に花粉が出てしまうので、当日咲きそうな雄花を午前中の早い時間に採取するか、前日の夕方に翌日開花しそうな花を採取する。採取できる花粉は、1000花あたり3～4gであり、10aあたりで10g前後必要である。

採取してきた雄花は、花弁を取り除き、中の葯をとり出す。取り出した葯は、新聞紙の上に広げて、暖かいところで半日か1日程度広げておくと、中から花粉が出る（写真5-5下）。開いた葯は0.5㎜程度のふるいにかけて純花粉を採取する。純花粉は紙に包んで乾燥剤と一緒に茶缶などに入れて、冷凍室で保存する（図5-5）。

受粉に用いる花粉は、筆を使う場合は5～10倍、スプレー式の交配器の場合は20～30倍の重さの花粉増量剤（石松子）とよく混合してつくる。早秋などの生理落果しやすい品種は3倍程度の希釈倍率とする。

これをひものついた缶に入れて持ち歩き、筆や交配用の羽毛棒で雌しべの柱頭に受粉する（写真5-6）。花粉は使用直前に使う量だけ出して、その日のうちに使い切る。受粉適期の雌花は開花当日から開花2日後くらいまでである。また花粉の発芽適温は15～30℃なので、受粉は気温の高い10時から15時くらいに実施する。開花期間は5～7日間なので、3分咲きと満開期の2回程度行なうとよい。

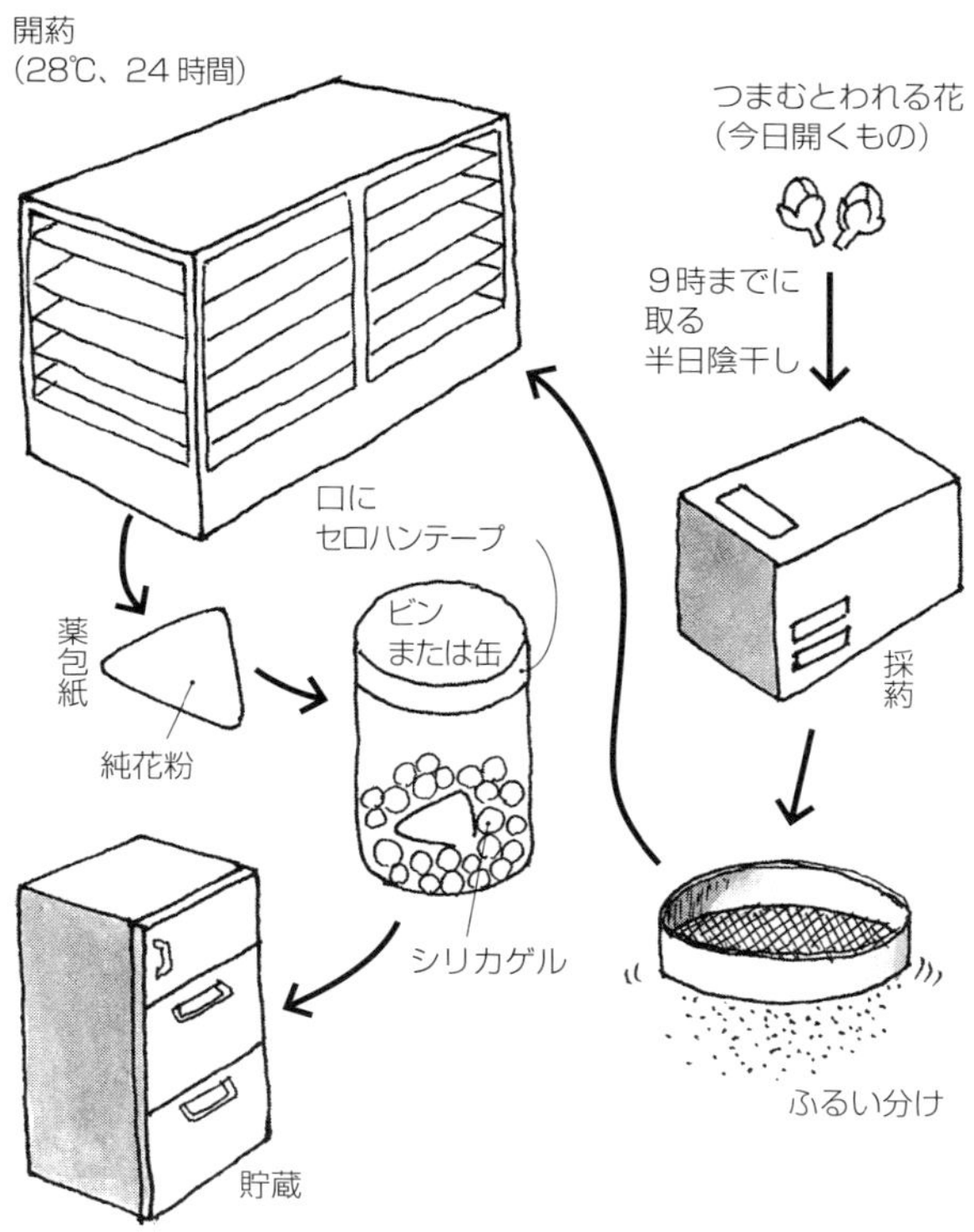

図5-5　花粉採取の手順（松村原図）

写真5-6　筆による交配作業
花粉はその日に使う量だけ出し、使い切るようにする。交配作業は、10時から15時頃までに行なう

実際編

第6章

6~8月 果実肥大期の管理

最大収量を目指しつつ果実品質も確保する摘果管理、生理落果の防止、灌水、病害虫対策も

1 果実生長の予測と大玉生産

●果実生長第1期と第3期の違い

早生の早秋、中生でやや小玉の西条、晩生の松本早生富有、この3品種の果実の横径、1果重、1果乾物重について季節変化をみてみた（図6-1）。各品種とも、開花後の6月上旬から8月上中旬までそれぞれ増加し、8月中下旬にややゆるやかになって下旬からふたたび成熟期まで増加する二重S字曲線を描く。

最初の生長を果実生長第1期、一時的にゆるやかになる生長を第2期、最後の成熟期までの生長を第3期とすると、第1期の終期や第3期の始期は早生品種ほど早く、早秋は松本早生富有より2週間程度早かった。

果実の横径（図6-1①）、つまり外観は、いずれも第1期の終期に成熟期の70~80%まで肥大し、その後成熟期にかけてゆっくりと肥大していった。1果重（図6-1②）は、第1期の終期に成熟期の50%程度まで生長し、その後成熟期に向けて生長した。一方、光合成生産の結果である水分を除いた1果乾物重（乾物重、図6-1③）は、6月上旬から第1期の終期まで成熟期の30%程度までゆるやかに増加して、いったん停滞したのち、第3期になって早生品種から順に急増した。

●適正着果量と葉の健全維持が重要

以上から、果実生長第1期は細胞分裂とともに果実の細胞数の増加と果実の外形が先に生長し、後半は中身の光合成養分の乾物が急激に増加することがわかる。とくに、早生品種ほど収穫直前の第3期の増加が急で、乾物要求量が多い。

したがって、第1期に摘果の遅れや着果過多などの管理不足になると、細胞数が少なくなり、大玉は期待できなくなるうえに生理落果が多くなる。高品質な果実を生産するためには、適正な着果量を厳守し、収穫期まで葉を健全に管理することが重要である。

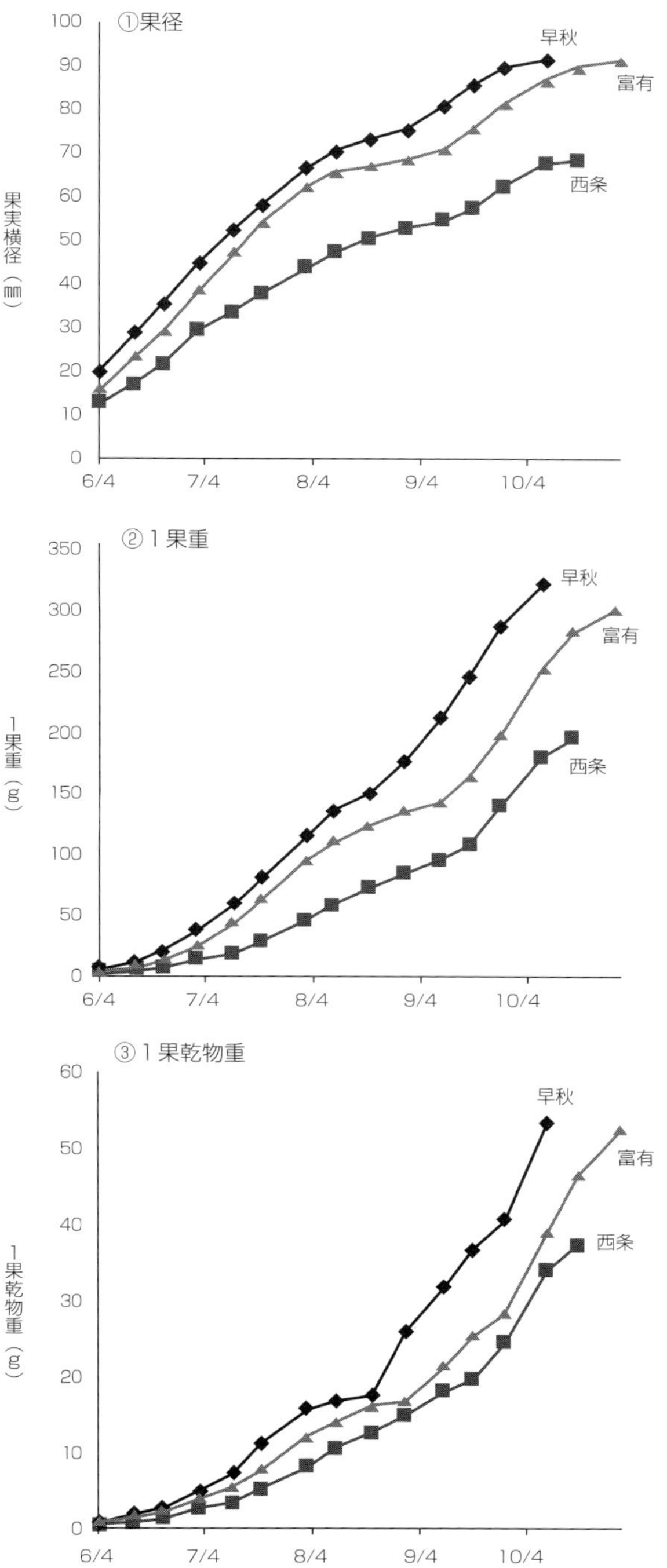

図6-1
果実の生長（果径、１果重、１果乾物重）の推移（2018年）

２ 適正着果と摘果管理

●ＬＡＩから推定する最大収量

これまでの西条のＬＡＩ（葉面積指数）と収量との調査をもとに、伊豆と富有の品種特有の糖度をもった果実が得られる最大収量を推定した。図6-2がそれである。

これをみるとわかるように、カキ樹の最大収量は光合成生産を行なう葉が多い（ＬＡＩが高い）ほど増加し、品種特有の糖度が低いほど少なく、収穫時期が遅いほど多くなる。計算上では、ＬＡＩ２の最大収量は、糖度の高い西条が１９６７kg／10aで、糖度がやや低く成熟期のもっとも遅い富有では２６６５kgとなり、６９８kgの差となる。

富有の一般農家のＬＡＩは1.5～2が多い。これを、物質生産からの最適ＬＡＩである2.5前後に高められれば、最大収量はＬＡＩ1.5の収量に対して１２７９kg／10aも増やすことができる。ＬＡＩを高めることで各品種特有の糖度をもった果実が得られる最大収量は増大する。

●摘果のねらいと目安

以上のように、それぞれの品種特有の最大収量を得るなかでそれぞれの果実品質を一定レベル以上に揃え、かつ翌年の花芽もきっちり確保するうえで重要な管理が、摘果である。

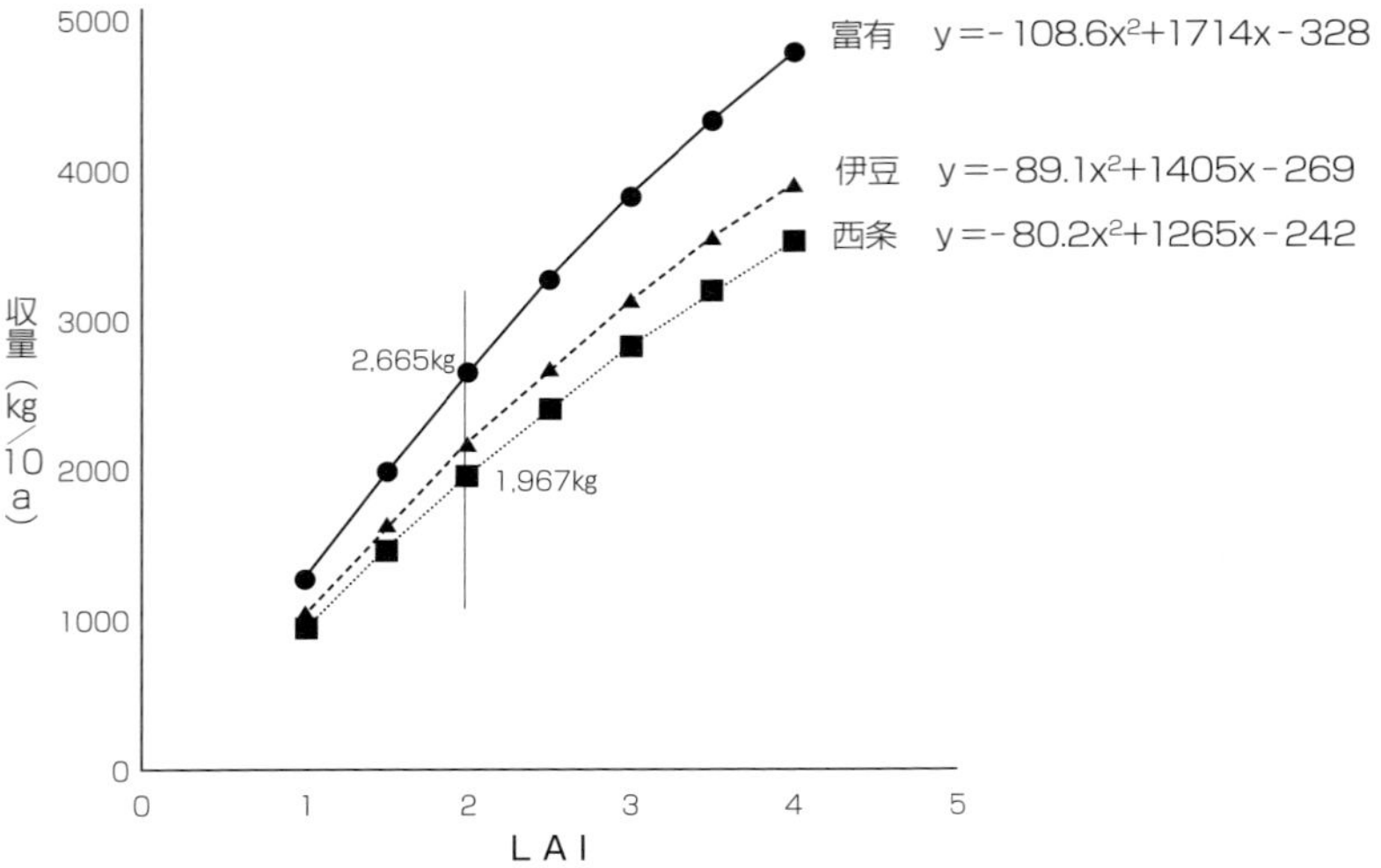

図6-2　LAIから試算した各品種特有の糖度が得られる収量
注）開花から成熟日までの日数を伊豆：127日、西条：147日、富有：177日、果実糖度を伊豆：14%、西条：18%、富有：16%として試算

①果実品質の確保

摘果は果実肥大を促し、果実品質を向上させるために行なうが、第1回目の選果でもある。

また、不良果を収穫することは労力のムダであり、樹への負担ともなる。このため、摘果は適期に行なうことが大切である。

②葉果比と果実品質、収量

西条を使い、ほかの結果枝の影響が出ないように側枝を環状剥皮し、葉果比を5～20枚に変えて果実糖度と1果重の変化をみてみた。

果実糖度は葉果比が高くなるにつれて高くなり、15枚以上で18％以上となる。また、1果重も葉果比が高くなるにつれて重くなったが、果実糖度より影響は少ない。着果過多は、果実の大きさより糖度の低下に及ぼす影響が大きく、小玉になると相当に品質が低下していると考えられる。

一方、LAIを3程度とほぼ一定にして葉果比を変えてみると、収量は葉果比が高くなるにつれて減少する。具体的には、葉果比11枚と13枚で約4t／10a、16枚だと3.2t、30枚で2t／10a程度になった（表6-1）。

また、葉果比11枚と13枚で果実糖度と翌年の着蕾数が減少した。こうしたことから、西条では、葉果比を15～20枚にすれば隔年結果がなく、大玉で糖度の高い果実が多く生産できる。

③品種別葉果比

適正な葉果比は、果実の大きさ、熟期、受光環境によって異なる。表6-2に各品種の葉果比を記した。一般に、中玉の西村早生、早秋、刀根早生、西条などは葉果比15～20枚に、大玉の太秋、松本早生富有、富有などは20～25枚とする。

このほか、西村早生は開花時が天候不順で種子の入りが悪く、渋果が多くなると予想される場合は2割程度多く残しておき、着色始期に最終摘果を行なう。

早秋は奇形が多いので、摘蕾で1枝2蕾と多めに残し、そのなかから形のよい果実を選ぶ。

伊豆、松本早生富有、富有では、摘果しすぎて大玉生産すると、へたすきが発生しやすい。また次郎では果頂裂果が発生しやすいので、いずれも摘果しすぎないことが大切である。

表6-1　Y字形棚仕立てにおける葉果比の違いが生育と収量に及ぼす影響（1997年）

葉果比（枚/個）	LAI	着果数/樹（個）	収量（kg/10a）	1果重（g）	果色＊	糖度（%）	翌年の着蕾数（個）
11.3	2.9	600	3,918	159.1	3.8	15.5	196
13.2	3	561	4,032	168.9	3.9	16	208
16.1	2.9	427	3,172	172.3	4	16.3	498
29.7	2.8	247	1,964	185.2	3.9	16.6	357

注　果色＊は農水省旧果樹試験場基準カラーチャート値

表6-2　カキのおもな品種の葉果比と注意事項

品種	適正葉果比	注意事項
西村早生	15	渋果が多いときは摘果を遅く
伊豆	20	大玉はへたすきに注意
早秋	15	奇形が多いので摘蕾は1枝2蕾
刀根早生	15～20	
西条	15～20	
平核無	20～25	
太秋	20～25	
次郎	20～25	大玉は果頂裂果に注意
松本早生富有・富有	20～25	大玉はへたすきに注意

表6-3　品種別最終着果数（個）の目安
（結果母枝単位の目安、JAしまね出雲平田柿部会より一部改変）

結果母枝長＼品種	西条	富有	伊豆
10cm程度	1	0	1
20cm程度	2	1	2
30cm程度	3	2	3
40cm以上	4	3	―
葉果比	15程度	25程度	20程度

●摘果の実際

①時期

摘果は早く行なうほど効果が高いので、6月の生理落果がほぼ終了する7月上中旬から、できれば7月末までに終えたい。順番は、樹勢が落ち着いて生理落果が少なく、着果量の多い樹から行なう。樹勢の強い樹は、生理落果が遅くまで続くので7月下旬から行なう。品種の順番としては、生理落果の少ない西村早生、太秋、富有、伊豆、早秋、西条の順になる。

②方法

摘果は先ほどの葉果比を基準に行なうが、実際に葉を数えながら摘果するのは無理である。そこで、葉数がその長さと比例している結果母枝の長さを基準に摘果を行なう（表6-3）。風や雹害などで葉が傷んでいる場合は着果数をやや少なめにする。

写真6-1のように傷果、変形果、へたに傷のあるもの、遅れ花の果実、日焼けになりそうな上向きの果実を摘果し、形状がよくて緑色が濃く、へたが4枚揃ったきれいで大きい果実を残す。樹冠の上中部では、日焼け果の発生を防ぐために下向きの果実を、樹冠の下部では横から上向きのものとする（写真6-2）。

また、傷が付かないように果実と枝が接触しないようにし、花弁が残っている場合は取り除く。

写真6-1　摘果する果実
左は残す果実、中央と右の四つは摘果する（松本早生富有）

写真6-2　摘果後の状態
下向きまたは横向きの果実を残す

写真6-3　生理落果の痕跡

3 生理落果とその防止対策

●落果時期は2回

生理落果は（写真6-3）、着果過多を防ぎ、樹体を健全に維持するために樹が自然調節する現象である。

生理落果は、7月下旬～8月上旬を境に前後期に分けられる。前期の生理落果は開花後10日頃～20日にかけてみられ、後期は収穫1カ月前頃から成熟期にかけておこる。発生には果実の養分競合が関与しており、受精不良と栄養条件が大きな引き金になる。また気象条件により発生程度が異なる。

樹勢の違いによる生理落果率の推移は（8年生西条のデータ）、樹勢が強く落果の多い樹は、6月下旬に10％程度、7月中旬に35％程度発生したのに対して、樹勢が落ち着いて落果の少ない樹は、6月下旬と7月中旬に3～5％の発生だった(図6-3)。このように、生理落果は梅雨時期に発生し、樹勢が旺盛な樹は6月下旬と7月中旬にたくさん落ちるが、樹勢の落ち着いた樹では、わずかしか落果しないので問題とならない。

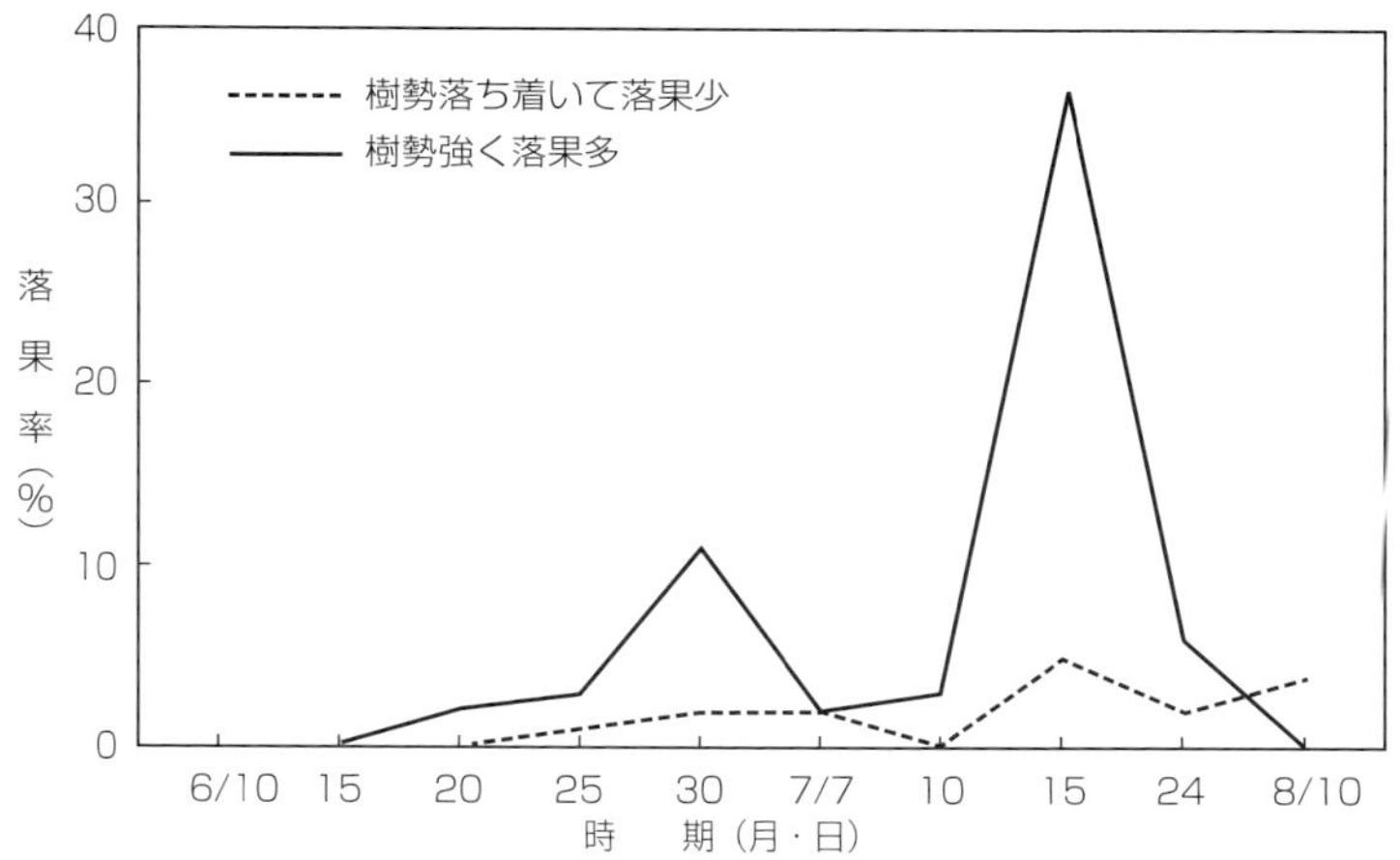

図6-3　樹勢の違いによる生理的落果の推移（8年生西条、島根農試、1983）

●生理落果の条件と落果防止

①単為結果力、種子形成力を上げる

前期の生理落果は、単為結果力と種子形成力に影響される。

「単為結果力」とは種子ができなくても結実する力のことで、摘蕾をしっかり行なうと残った花蕾へ養分が十分に供給され、単為結果力が向上して生理落果が少なくなる。

一方の「種子形成力」は種子のできる力であり、種子のできない平核無などは関係ないが、種子がたくさんできる次郎や富有などでは、開花期に降雨が続いて種子が入らないと生理落果が増加する。生理落果を減少させるには、種子数を多くするためにしっかりと受粉を行なう。

すなわち、種子形成力の高い富有は、単為結果力が弱いので生理落果を減らすには、必ず摘蕾を徹底し、受粉を行なう。逆に、平核無や刀根早生は種子を形成しないので、受粉は行なわなくてよいが、単為結果力を高めるために摘蕾を徹底することが重要である。

②光環境の改善、確保

開花後の6月から7月中旬はちょうど梅雨時期にあたり、日射量が減少して光合成生産が弱まり、果実へ供給される養分が少なくなる。そのため、どうしても単為結果力が低下して生理落果が多くなる。日射量は毎年変わるので、生理落果率も変動する。さらに、過繁茂の状態になると、果実や果実周辺の葉の光環境が悪くなるので、摘蕾を徹底して単為結果力を高めたうえ

表6-4　生理落果をおこしやすい条件等と対策

項目	原因	対策
品種間差	品種による単為結果力と種子形成力の違い	品種特性の把握
日照不足による光合成生産の低下	梅雨時期の日照不足 密植や過繁茂	摘蕾の徹底により単為結果力の強化 夏季せん定、誘引
果実の養分競合	着果過多 強樹勢や2次伸長 肥料の遅効き 枝葉の損傷	摘蕾の徹底 適正なせん定、環状剥皮 追肥量の制限 防風対策
受精不良	受粉の不良	受粉の徹底

写真6-4　スコアリング処理（上）と環状剥皮処理（下）
環状剥皮は地際から20㎝部分で幹の皮を剥ぎ取る。処理幅は5～10㎜、処理後傷口にガムテープなどを巻く

に、夏季せん定や誘引により樹冠内の光環境をよくする。

③強樹勢を避ける

また、新梢や果実間の養分競合によっても生理落果は発生する。強樹勢や肥料の効きすぎなどで新梢の生長が旺盛だと、果実に分配される予定の養分が奪われ、生理落果を助長する。強風で新梢が折れたりすると、再伸長のためやはり果実への養分が奪われるため生理落果しやすくなる。

樹勢が強いときは、6月中旬～7月上旬に、幹や主枝に環状剥皮処理やノコ目によるスコアリング処理を行なって樹勢を抑制する。

スコアリング処理はノコギリで師部に達する切れ込みを入れ、養分の流れを一時的に遮断する（写真6-4上）。

環状剥皮処理は、処理する枝の表面の粗皮をきれいに削り取ったあと、ナイフで形成層まで達する上下2本の切り目を入れて皮を剥ぎ取る（写真6-4下）。処理の幅は幹の大きさによって変え、枝周が10～15㎝では5㎜程度、15㎝以上のものは1㎝程度とする。処理後はガムテープなどを巻いて、傷口の乾燥や雑菌の侵入を防いで癒合を促進する。環状剥皮は樹勢を弱めるので、幹周が10㎝以下の樹や樹勢の弱い樹には処理しない。

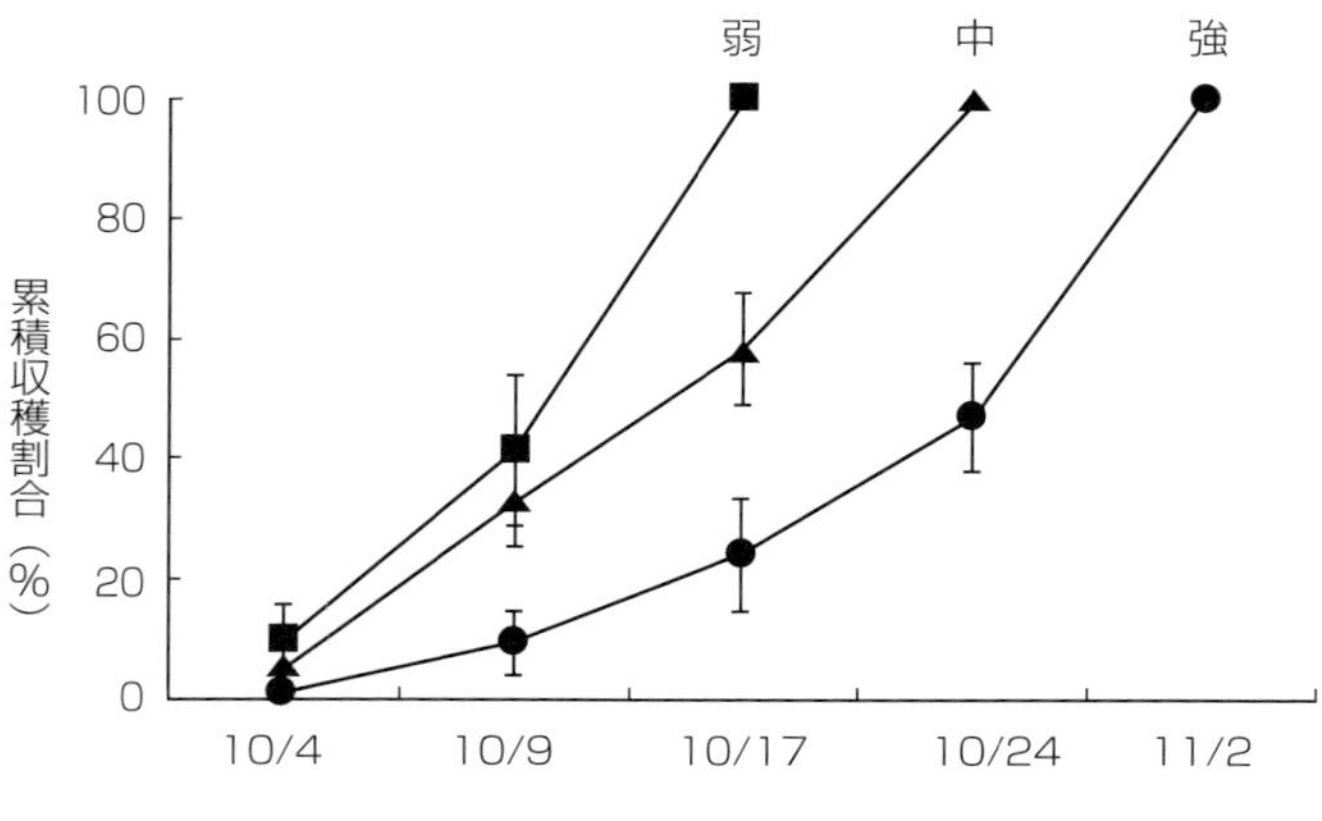

図6-4　樹勢の強弱がカキ西条の収穫時期に及ぼす影響（2001年）

4 適正樹勢と最適ＬＡＩ

●この時期の樹勢と後半の生育

①収穫時期、収量への影響

この時期の樹勢がその後の生育や収穫時期にどう影響するか、早生系西条の弱勢、中庸、強勢樹を用いて比較したところ、弱勢樹は強勢樹に比べ、新梢長が短く、葉面積や収量が少なかった。また、収穫時期は樹勢の弱いものほど早く、中庸樹、弱勢樹は10月24日までにすべて収穫できたが、強勢樹は11月2日まで残り、2週間程度の差ができた（図6-4）。このように、樹勢が強いと収量は多くなるが着色が遅れ、収穫時期がやや遅くなる。

しかし富有では、樹勢の影響が西条ほどには差が出ない。樹勢の強い樹は弱い樹に比べ、収穫時期はあまり変わらないがへたすき果がやや多くなり、果実の肥大がよく、収量は多くなる。

②診断は新梢長と葉色で

樹勢の判断基準として、強勢樹は１００cm以上の強い直上枝の発生が多く、２次伸長枝がたくさん発生し、葉色も濃い。適正な樹勢は、結果枝先端部の新梢長が富有で30～50cm、刀根早生、平核無、西条で20～40cm、徒長枝の10～20％に２次伸長枝の発生が認められる程度である。

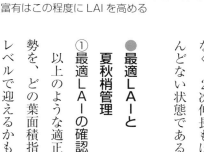

樹勢の弱い樹は、結果枝の新梢長も短く、不定芽の発生も目立たなく、２次伸長もほとんどない状態である。

写真6-5
富有のLAI 2.6の樹姿、葉層、木漏れ日（上から）
富有はこの程度にLAIを高める

●最適ＬＡＩと夏秋梢管理

①最適ＬＡＩの確認

以上のような適正樹勢を、どの葉面積指数レベルで迎えるかも重

写真6-7
LAI4の西条の樹姿（上）と葉層、空が見えない（下）

写真6-6
西条のLAI 3.1の樹姿、葉層、木漏れ日（上から）
西条はこの程度にLAIを高める

要である。

確認しておくと、もっとも多く高品質な果実が得られる最適ＬＡＩは、着色に光の影響の大きい橙色系の富有などは2.5程度（写真6-5）、やや葉が込んでいても着色する西条など黄色系の品種はやや高く、ＬＡＩ3程度である（写真6-6）。

もっと多収を得るために無理をすればＬＡＩ4程度（写真6-7）まで高めることができるが、農薬がすべての果実や葉にかかりにくいうえに、摘果や収穫などの作業に労力が多くかかる。実際にはこの程度のＬＡＩになるように夏枝管理を行なう。

しかし現状のカキ農家のＬＡＩは、作業性や果実の着色を考慮するためにやや低く、富有で1.5～2.0、西条は2～2.5の園が多い（写真6-8）。74ページで見た（図6

-2）試算収量は富有の場合、LAI1.5で1998kg/10aだが、最適LAIの2.5に高めると3277kg/10aの収量をあげうる。実際の着果管理もすでに見たように葉果比で行なうので、果実品質を伴いながら収量は高くなるのである。

②空間を埋める誘引、徒長枝処理

高収量をあげるには、まず満遍なく園を葉で覆う必要があるが、1年枝を多く残すせん定（54ページ参照）では、樹冠に枝葉が繁茂しすぎて暗くなっているところと明るいところができる。できるだけ空いた空間がないよう、葉が繁茂しすぎて暗くなっているところは亜主枝や側枝単位で誘引して重なりを少なくし、誘引だけでは対応できないときは、徒長枝などの長い新梢からせん除する。

写真6-8
富有のLAI 1.4の樹姿、葉層、木漏れ日（上から）
一般農家ではこの程度のLAIが多い。もう少しLAIを高める

③不定芽からの新梢の取り扱い

不定芽から出た新梢の誘引は、基部がもろい開花期までは控え、6月上旬から行なう。6月以降になると新梢が伸びてくるが、長さ40cm以上のものは方向を考えてやや斜め（45度くらい）に誘引する。40cm以下の短い新梢は、誘引せずそのままにしておく。短い新梢は立っていると葉と葉の間に空間ができて、効率よく受光する。

④2次伸長枝の処理

若木や樹勢の強い樹では新梢の伸びが旺盛で、遅くまで伸長し続け、いったん止まったあとにふたたび伸びだす2次伸長枝が増加する。

この2次伸長枝に翌年の花芽を確保するには、先を切って伸びを止めるとよい。た

写真6-9　徒長枝、2次伸長枝（左）
2次伸長枝は2次伸び部分を2節残して切除（右）

だし、先端の2次伸長部分をすべて摘み取ると、翌年の花芽である2番目以下の芽が再発芽する。2次伸長部分の葉を2枚程度残して切ることが大切である（写真6-9）。時期は7月から8月上旬、2次伸長が15cm程度となった頃がよい。

⑤主枝、亜主枝の吊り上げ、誘引

7月以降になると果実が肥大し、亜主枝や主枝が果実の重みで下がってくることがある。主枝の先端が下がると主枝が弱るばかりでなく、果実が地面にあたると汚れるので必ず吊り上げる。また、主枝や亜主枝が誘引してあると、台風などの強風に対しても折れにくくなるので、労力に余裕があれば行なう。

5 灌水と病害虫管理

●乾湿の変化が根のストレスに

①乾燥には強いはずだが……

カキは生理的には乾燥に弱いとされているが、根域が拡大するにつれ、乾燥の被害が発生しにくくなる。しかし、水田転換園のような地下水位の高い場所や排水の悪い場所に栽植された樹は根域が浅いため、梅雨期に根が多湿に慣れたあとに高温乾燥状態が続いて水分不足になると、水ストレスが発生して表6-5のような障害が発生する。

近年は、夏季に高温乾燥が続き、灌水施設のないところでは果実肥大の抑制、日焼け果の発生、ひどいときには果実にしわの発生、落葉などが発生している（写真6-10）。

また、富有などへたすき果の発生しやすい品種では、乾燥して果実肥大が停滞したあと、秋季に適当な雨が降り、ふたたび肥大が旺盛になると多発しやすい（写真6-11）。また、西条では、同様に乾燥後に秋季に多雨が続くと、樹上軟化が多発する。

表6-5　乾燥程度とカキの被害

乾燥程度	カキの障害程度
軽～中	光合成の抑制による収量低下、果実肥大の抑制、富有などのへたすき果の発生、西条などで樹上軟化の発生、着色不良、新梢伸長の抑制
甚大	日焼け果、果実のしわ、落葉、枯死

写真６-10　干ばつの被害

写真６-11　富有のへたすき果

②こまめに、早めの灌水を

これらの被害をできるだけ減らすために、スプリンクラーや点滴チューブなどの灌水施設を導入したい。

カキが必要とする水分量は正確にわからないが、ほかの落葉果樹とほぼ同じだとすると、晴天日の水分消費量はＬＡＩ２で２ｔ／10ａ、ＬＡＩ３で３ｔ／10ａ程度と推定される。したがって、10日以上も晴天が続く場合には20～30㎜／10ａの灌水を７日程度の間隔で行なう。灌水は、葉が萎れてからでは遅く、健全なときから開始する。テンシオメーターを利用すると効率的で、圃場中央部の地下30～40㎝のところに設置し、pF値が2.3に達したら灌水を始める。水源が少ないところでは点滴チューブを用いて灌水する（写真６-12）。

また、雑草が繁茂していると、土壌水分の蒸散が促進されるうえに、樹体と雑草との間に水分競合がおこる。このため水分不足になりがちになる。とくに幼木時には、樹周りの草刈りを徹底し、土壌水分の保持に努める。敷わらやマルチ処理も土壌水分

写真６-12
水源が少ないところでは点滴チューブによる灌水がよい

写真６-13　敷き草による土壌水分の保持

の保持に有効である（写真6-13）。

●この時期注意したい病害虫

病害では、落葉病、炭疽病、うどんこ病など、害虫ではカキノヘタムシガ、カメムシ、チャノキイロアザミウマ、カイガラムシなどの基幹防除時期となる。この時期は、集中豪雨や異常高温などの気象変動が大きく、病害虫の発生も気象に大きく影響される。そのため早期発見と正確な診断が重要である。それぞれの注意点は以下のとおりである。

落葉病は、感染時期が5月から7月上旬と長期に及ぶ。基幹防除を徹底し、葉の裏側にも十分に薬液がかかるように丁寧に散布する。

炭疽病は、感染期間が5～10月と長く、基幹防除を徹底し、新梢の病斑や被害果を発見次第、園外に持ち出す。

うどんこ病は落葉病との同時防除で対応するが、多発園では8月以降の防除を行なって、菌密度を下げる。

カイガラムシ類は、幼虫発生期の6月中下旬までに防除を徹底することがポイントで、7月になると、へたと果実の隙間に入り込み、防除が困難になる。

ハマキムシ類は、幼虫発生期の4月中下旬から7月上旬の防除を徹底する。幼虫が生長するとへたと果実の間に糸を綴り防除しにくくなる。早期防除を徹底する。

スリップス類は、開花期から8月にへたと果実の隙間や溝を好んで食害する。5月中旬から6月の防除が重要となる。

カメムシの飛来は7月上旬からである。7～8月の早い時期に加害されると落果するが、9～10月に加害されると落果せずに加害部の凹化や果実の軟化などを引き起こす。各県の発生予察状況を参考に、7月上旬～9月上旬に防除する。

カキノヘタムシガ（カキミガ）の幼虫は芽を食害し、6月下旬に幼果のへたから果実に侵入する。6月上旬と8月上旬が防除適期である。

実際編

第7章 9～11月 収穫期までの果実管理

後期落果や果実障害対策と着色管理、最後の仕上げに向け、もう一努力

1 収穫前の果実障害と対策

●後期落果

後期落果は8月中旬から9月下旬にかけてへたを樹に残して果実だけ落ちるもので（写真7-1）、甲州百目、次郎、早生次郎などでおこりやすく、たまに富有でも見受けられる。

もっとも大きな要因は土壌条件で、沖積土や洪積黒色土などの肥沃な園で多発する傾向がある。また、夏肥を多肥したところで多くなる。一般に、栽培管理が適正であればほとんど後期落果はおこらないが、発生する品種では、チッソの遅効きなどによる新梢の遅伸びを抑えることが必要である。

●果実軟化

①西条などの樹上軟化

西条などでは、収穫期前に果実のエチレン生成量が異常に高まって赤く樹上で軟化し、果実とへたの間に離層が形成され、早期落果する樹上軟化が発生する（写真7-2①）。この現象は、台風などの強風で果実に傷が付き、また落葉病などで早期落葉する場合に促進される。

気象的には、夏季に雨が少なく土壌が乾燥した後、成熟前に雨が多い年に多発する傾向にある。

また、常習的に発生する園は、水田転換園やくぼ地など地下水位の高い場所に栽植されている場合が多い。さらに、土壌pHが

写真7-1　へたを残し果実だけ落ちる後期落果の痕跡
8月中旬～9月下旬に発生する。栽培管理が適正であればほとんどおこらない

写真7-2　収穫前の果実障害
①西条の樹上軟化（奥の果実）、②早秋の早期軟化

高く、果実のマンガン含有量が低い園でも発生する傾向がある。

したがって、夏季は過乾燥にならないように定期的な灌水を行ない、排水の悪い園では暗きょなどによる排水対策を図る。また、土壌pHが6以上にならないように注意する。

②早秋の早期軟化

早秋は樹幹害虫の被害を受けやすく、亜主枝や側枝の基部に被害を受けた枝に結実した果実は、早く着色し、軟化することが多い（写真7-2②）。

●果面障害（汚損果）とその対策

①汚損果とは

収穫前後の果実の表面に、破線状、雲形状、黒点状などの黒変が発生する症状で、汚損果と呼ばれている。果面障害の発生原因は、湿害、日焼け、風による損傷によるもののほかに、炭疽病、灰色かび病、スリップスやダニなどの病害虫によるものがある。

伊豆、新秋、西条、太秋など果皮の薄い品種は表皮に亀裂ができやすく、そのため降雨や結露による多湿、直射日光による高温で汚損果が発生しやすい（表7-1）。

表7-1
カキ主要品種の汚損果発生率
（奈良県）

品種	汚損果発生率（%）
早秋	43
新秋	72
太秋	75
松本早生富有	7
富有	12

注）1985～2002年奈良県果樹振興センター

②黒点状の汚損果

果頂部から赤道部にかけて黒い細かな斑点が多数発生する（写真7-3①）。この障害は、おもに炭疽病菌の感染によるもので、果皮の弱った部分に雨滴とともに飛散して侵入する。梅雨期頃から発生し、9月の着色期に入ってから雨が続くと増加する。

対策としては、日焼けしやすい上向きの果実を残さないことと、7月頃までの炭疽病の防除を徹底する。

③破線状の汚損果

9月から収穫期にかけて、西村早生、西

写真7-3　さまざまな果面障害
①黒点状の汚損果（新秋）、②破線状の汚損果（西条）、③条紋（太秋）、④雲形状の汚損果（日焼け果、西条）

条などの果面に破線状の汚れが発生する（写真7-3②）。葉と果実が直接触れた部分や結露したところに多く見られる。この汚れは、成熟期近くになると果肉の発達に比べ果皮細胞の発達が遅く、果皮表面に水滴が付くと亀裂が生じ、破線状に黒変してできるものである。果実に水滴が付く時間が長いほど著しい。

対策としては、果樹園内の風通しをよくするため防風樹の刈り込みや草刈りを行ない、樹冠全体に太陽光があたるよう、新梢の誘引を徹底する。さらに反射マルチを設置して、園内の湿度を低下させる。

また、摘蕾や摘果をできるだけ早めて果実肥大を前半に促進させ、後期肥大を抑制する。着色始めに果実と直接触れている葉を1結果枝あたり1枚程度摘葉する。しかし、あまり多く摘葉すると、果実糖度が低下するので注意する。

④条紋の汚損果

早秋　収穫期が近づくと果頂部に条紋が発生することがある。果面の結露によっても発生するが、土壌の過湿や乾燥を繰り返すことにより果実中の水分変動が大きくなり、条紋が発生する。夏季の乾燥時には灌水を十分に行なって、水分変動を少なくすることが大切である。

太秋　果頂部から同心円状の傷が生じ、発生した果実は商品価値が低下し、日持ち性も悪くなる。品種特性として発生しやすいが（写真7-3③）、果実周辺部の湿度を下げることが減少させるポイントである。条紋が発生する前の9月にカキ用白色袋、透明果実袋の袋かけや樹冠下への白色反射マルチを敷くことで軽減され、上位等級の割合が増加する。

⑤雲形状の汚損果（日焼け果）

日焼け果は、真夏の直射日光を受けて果実温が40℃以上と異常に高くなり、組織が枯死、果面が黒変して雲状の汚れとなる（写真7-3④）。主として樹冠周辺の、直接太陽光が照射されるところに成っている果実に発生する。摘蕾・摘果時に上向きの果実を除き、下向きの果実を残す。また、反射マルチはシルバーでなく白色のものを用い、設置は9月に入ってから行なう。

2 果実成熟と着色管理

●果色発現のしくみ

富有では、果実が急速に肥大する9月上中旬から10月上旬の果実生長第3期になると、果実の表皮細胞に含まれる葉緑素が分解して緑色が減る一方、カロチノイド色素が生成され始めて着色が進み、黄色から赤色に徐々に変化する。

富有の着色に影響するカロチノイド色素にはクリプトキサンチンがもっとも多く含まれ、全体の40%を占める。次いでゼアキサンチン、β-カロテン、リコピンの順となるが、朱色の着色にはリコピンがもっとも影響を与えている。リコピン生成の適温は10月中下旬が25℃、11月上旬で15℃、11月中旬が10℃と、成熟度合いにより好適温度が異なり、秋に気温が高すぎると着色が遅れる傾向がある。

●温暖化で着色は悪化の傾向

富有果頂部の着色（カラーチャート値）を、1993年から2002年までの10年と2003年から2012年までの10年間とで比較すると（岐阜県データ）、平均気温が18.2℃から18.9℃と0.7℃上昇し、チャート値は7.2から6.4に低下して、明らかに以前より着色が悪くなっている。

ちなみに、温暖化の影響で開花期の前進化と春期の気温上昇による初期生育の促進

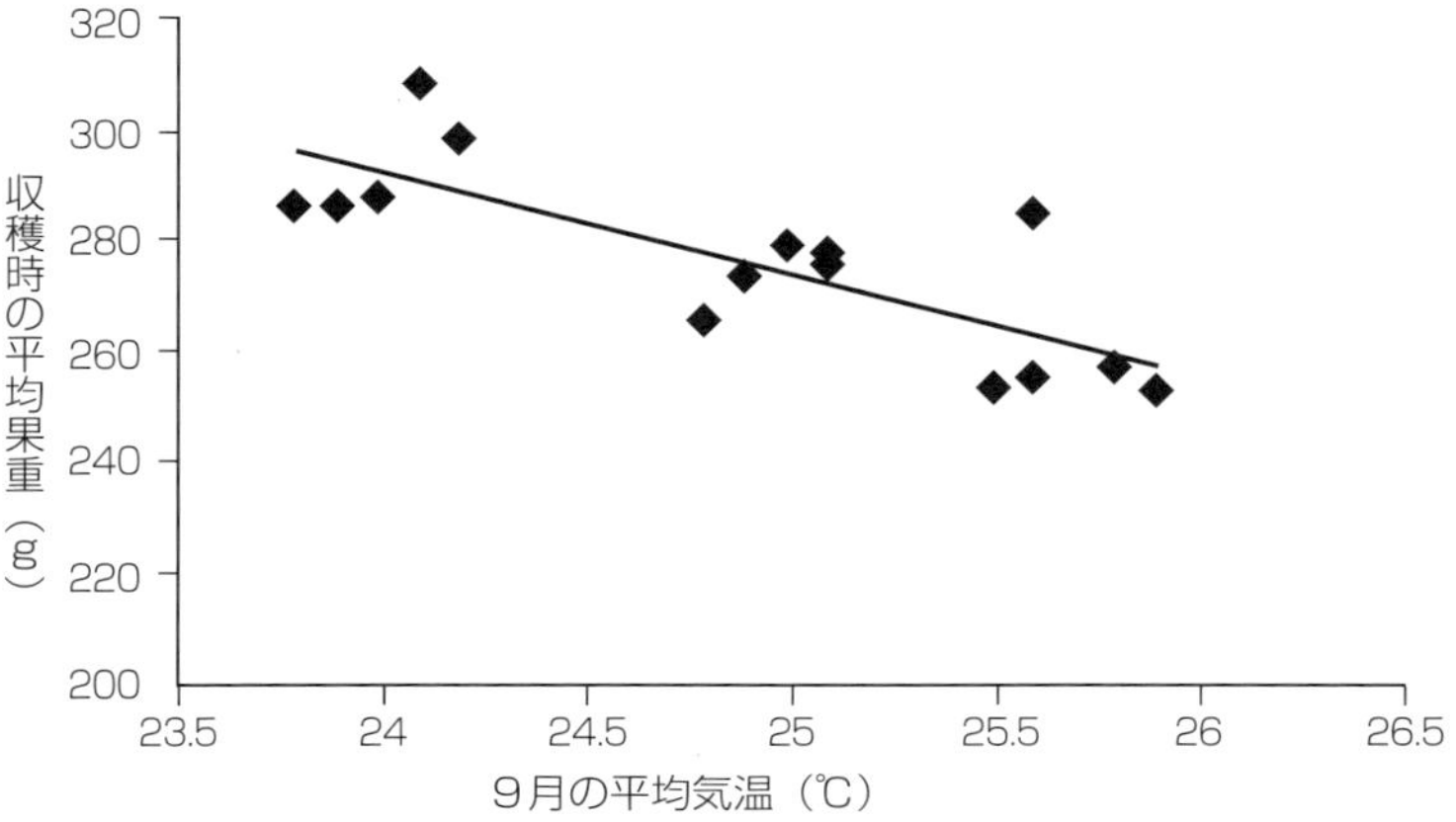

図7-1　収穫時の平均果重と9月の平均気温との関係（新川）

が見られるものの、逆にきびしい残暑の年で、9月の平均気温が高いほど1果重が小さくなる傾向もうかがえる（図7-1）。これは、暑さの影響でカキの果実生長第2期の肥大停滞期が長引き、続く後期肥大の期間が短くなるためと考えられている。

●着色向上対策

①摘葉処理

果皮のカロチノイド色素の生成には光が必要で、着色の優れた果実を生産するためには成熟期に果実がある程度光にあたっていないといけない。とくに、リコピンが生成される富有などの赤色品種では、8月の成熟期に果実に直接あたる光がいる。そこで葉が込みあった園では、8月頃に徒長枝などの長い新梢から間引いてＬＡＩが2.5になるようにする。西条など黄色品種は、やや高めのＬＡＩ3程度まで整理する。

しかし、どのカキも葉が直接触れたところの果実の着色は悪くなる。そこで着色始めの9月中下旬に摘葉処理し、果実に直接光をあてるようにする。処理は果実に直接触れている葉を1果あたりに1～2枚取る（写真7-4）。

なお、大玉で発育のよい果実ほど光合成産物が集積し、色素の合成が多くなるため着色はよくなる。大玉づくりが着色向上につながるので、早期の摘蕾、摘果は重要である。

②反射マルチ敷設

反射マルチを園内に敷くと太陽光線を反射して、果実の着色を向上させる。また、先にも述べたとおり、地面からの水分の蒸発を抑えて園内の相対湿度を下げ、多湿による破線状の汚れも防ぐことができる。

反射マルチは、真夏に敷くと果実の日焼けを助長するので、最高気温が30℃以下となる9月になって敷く。シルバーマルチより気温を上昇させにくい白色マルチがよい。

草刈りや灌水をしたあと、樹列間に園全体の50％程度が覆われるように敷き、台風などの強風で飛ばされないように押さえをきちっとしておく。園内に樹の横にカーテ

写真7-4　摘葉処理の前後（西条）

写真7-5　反射マルチの敷設（上）と同吊り下げ（下）
シートはカーテン状に吊るしても着色向上効果がある

ン状に吊るしても同様の着色向上効果がある（写真7-5）。

③側枝の環状剥皮

側枝の環状剥皮処理も着色に有効である。開花後30～40日（6月下旬から7月上旬）にその年の冬に切る予定の枝で、立ち気味の側枝について、直径の2倍の幅で環状剥皮することにより着色が進み、熟期が1週間以上前進し、大玉になる。

3 台風対策と病害虫防除

●太枝の吊り上げ

着色始めから成熟期になると果実が重くなり、主枝や亜主枝が垂れる場合が多い。垂れると、台風などの強風で折れやすく、受光環境も悪くなるので、支柱を立てて吊り上げる。

とくに開心形では主枝、亜主枝の先端が垂れ下がると樹冠の基部から徒長枝が発生しやすくなる。そこで樹形が盃状で主枝先端が立つように支柱を立てる。

また、果実重が４００g以上の大玉となる太秋や太天などは、着果位置より元の部分を誘引すると、強風で枝折れが多発する。逆に、着果位置より先のほうを誘引しておくと、折れにくくなる（写真7-6）。

写真7-6　太天の誘引方法
果実より先部分を吊ると折れにくい

袋かけによる完熟富有の生産

富有の付加価値を高め、高単価で販売するために、供給期間を約半月間延長、お歳暮需要に対応した完熟果実を生産する袋かけ栽培がある。

白色パラフィン袋を8月下旬から9月中旬に樹上の果実にかける（写真a）。袋かけすると着色が遅れ、果肉硬度も硬く維持されるため、収穫期間が延長される（表a）。また果面も果粉がたくさんついたきれいな果実となる。

写真a　白色パラフィン袋をかけた完熟富有の生産
9月中旬に袋をかけると収穫期間が延長され、お歳暮需要に対応できる

表a　有袋と無袋の富有の果実品質の比較（2018.8.10袋かけ、12.10収穫）

富有	1果重（g）	果皮色[z]			硬度（kg）	糖度（%）
		果頂	赤道	果底		
有袋	284.7	5.8	6.2	7.7	1.9	16.7
無袋	304.2	7.3	8	9	1.7	16.9

z　農水省果樹試験場基準カキカラーチャート値

●収穫前の最終防除

収穫前には、炭疽病、うどんこ病、カメムシなどの発生に注意する。炭疽病は気温の低下や降雨により発生が増加する。薬剤防除に加えて、発病果が見られたらできるだけ早く園外に持ち出す。

うどんこ病は8月下旬から葉の裏に白色粉状の菌叢が現われ、急激に拡大する。果実には直接被害はないが落葉が早くなる。この時期の防除では対応できないのであきらめるしかない。

カメムシの発生は、年や地域による差が大きいので、発生予察情報や飛来状況を見ながら防除する。

なお、この時期の農薬散布には果面の汚れが発生することがあるので展着剤は添加しない。

実際編

第8章

10〜12月　収穫・調製から落葉・休眠期の管理

大切な果実、大事に収穫。脱渋、鮮度保持の各種工夫も

1 収穫適期の判断と収穫方法

●果実生長第3期の生育

成熟期直前は果実生長第3期にあたり、果実は急激に肥大して果肉硬度が低下し、糖の蓄積が進んで、果皮は黄色から赤色に徐々に色調を変化させていく。甘ガキでは、樹上で成熟するにつれて自然に可溶性タンニンが不溶性タンニンに変化して脱渋していき、渋ガキでは徐々に可溶性タンニンが減少していく。

早秋、西条、富有の成熟を比較すると（図8-1）、着色は、早生品種の早秋が8月20日頃から始まるのに対し、西条、松本早生富有は9月10日頃から始まり、早生品種ほど早く着色する。果肉硬度は、各品種とも9月10日頃は3.5〜4であるが、それから徐々に低下し、成熟期には2以下となる。糖度は早生品種ほど早く増加し、品種特有の糖度となるとほぼ一定となる。

●収穫時期の判断

①カラーチャート値と糖度

成熟期に向けて果色の変わり方は品種によって異なり、収穫は、品種特有の特徴が出てから行なう。

早生から晩生までの4品種の赤道部の果皮色（カラーチャート値）と糖度の関係を見ると、各品種ともカラーチャート値が高い（着色がよい）ほど糖度が高かった。したがって成熟期の判断は、品種ごとのカラーチャート値で判断し、収穫は各地域の収穫基準を守って適期に行なう（写真8-1、8-2）。以下、品種別のポイントを紹介する。

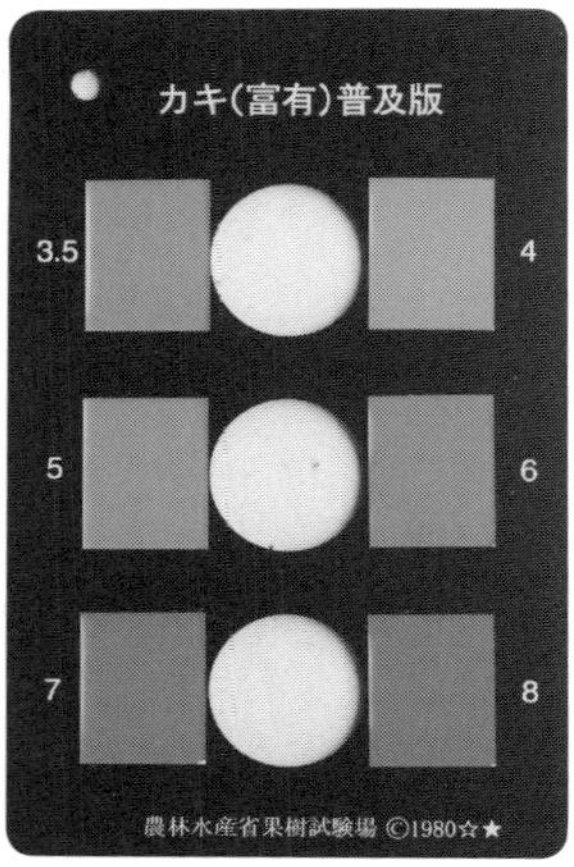

写真8-1　カキのカラーチャート
（農林水産省果樹試験場基準）

②早生品種（早秋、西村早生、刀根早生）

早生品種は軟化の発生が多いので注意する。早秋、刀根早生では、収穫時期の気温が高いと軟化が発生しやすいので、収穫は気温の低い午前中に行ない、収穫した果実は直射日光のあたらないところに置き、コンテナには覆いをして果実に乾燥ストレスを与えないようにする。また、早秋、西村早生などでは、果頂部とへた部の着色の差が大きいので、へた部まで着色したことを確認してから収穫する。

③中生品種

平核無　果頂部の着色がカラーチャート値で5前後になると、果実の肥大速度が緩慢になり糖度が急激に上昇する。目標糖度を13％以上とすると、果頂部着色は5から収穫始めとなる。収穫期後半になると果皮色が全般に進み、7以上になると脱渋後の日持ち性が低下するので、これまでに収穫を終える。

西条　西条の収穫適期を外観から判断すると、収穫期前半が専用カラーチャート値で赤道部の果色が5、へたに近い部分が3で、収穫盛期では赤道部の果色が6、へたに近い部分が4になったときで、脱渋後の糖度は17％以上を目標とする。

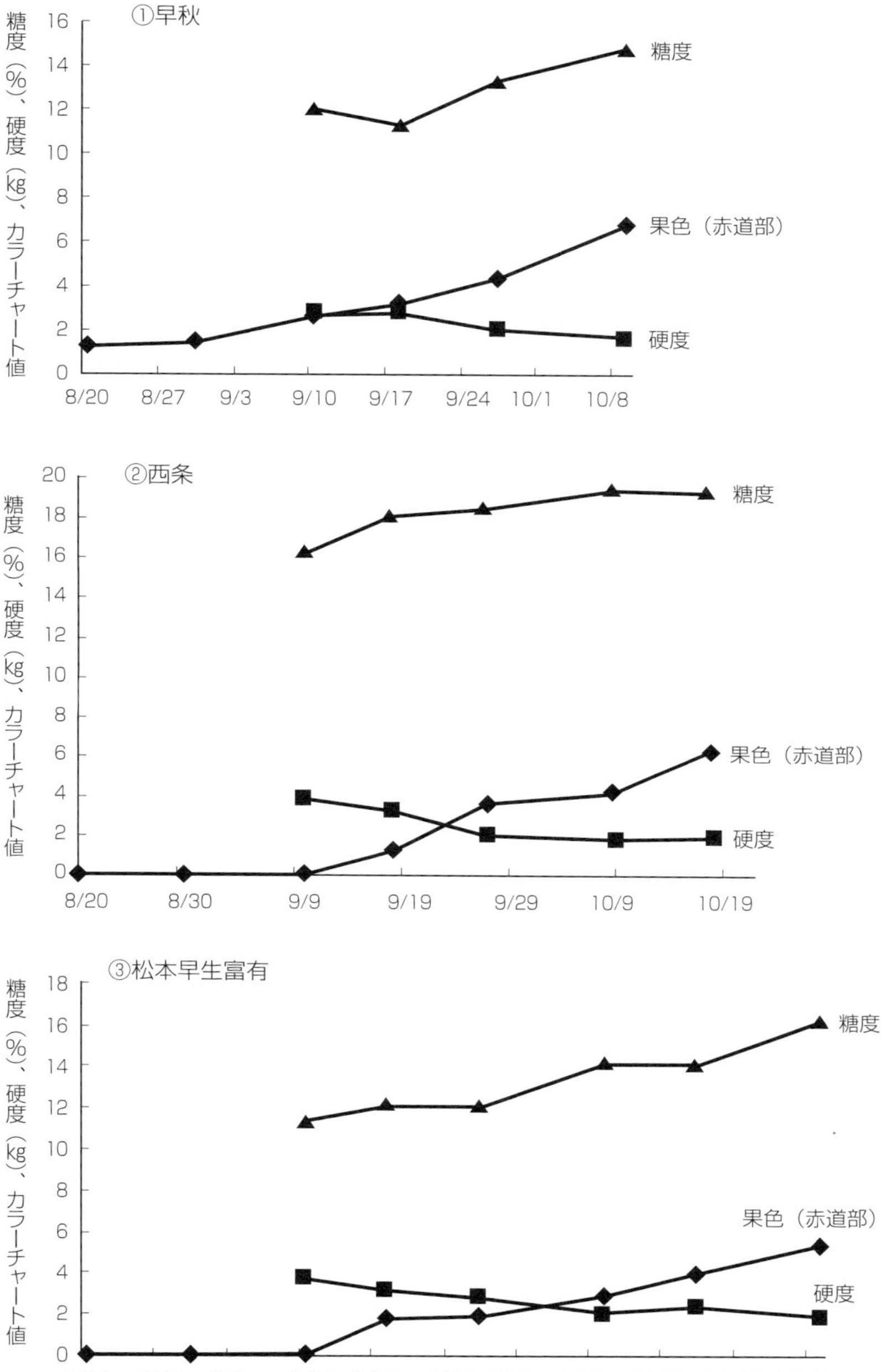

図8-1　カキ果実成熟の推移（2018年）

西条の収穫時期は、10月上旬から11月中旬だが、収穫時期により脱渋中の軟化や脱渋後の日持ち性が異なる。収穫期初期の10月上旬の収穫果は、エチレン生成量などの生理活性が活発なために軟化しやすく、日持ち性が悪い。しかし、収穫盛期の10月中下旬の収穫果になると、エチレン生成量が少なくなり、軟化はほとんどなく、脱渋後の日持ち期間も長い。収穫終期には果実が過熟老化するため、果頂部の軟化が増加する。西条は、収穫最盛期に収穫すると軟化が少なく品質もよい。

④晩生品種（松本早生富有、富有）

収穫適期は、果頂部のカラーチャート値で松本早生富有が4.5～5、富有が5～6で、へた部が松本早生富有で4.5～5、富有が5程度である。

晩生品種の収穫時期は、気温が低下して、果実表面に結露が発生しやすくなる。濡れた状態で収穫すると、果実表面が乾かずに汚損化の発生につながる。果実表面が乾いてから収穫するか、収穫後に果実表面を乾かしてから出荷する。

＊以上、カバー裏写真参照

写真8-2　収穫適期の果実
上から、刀根早生、西条、松本早生富有

●収穫作業と調製

①収穫は丁寧に、果梗はよく切っておく

収穫は、果実の着色のよい樹冠上部や外周部から行なう。時間帯は、果実に露がついている朝方や果色が判断しにくい夕方は控え、昼間に行なう。手袋を使用し収穫バサミで枝から果実を切り取り（写真8-3）、果実に果梗が残らないようもう一度丁寧に

カキの果実内糖度分布

果実が横長な松本早生富有と縦長の西条の果実内糖度分布をみると、両品種とも果頂部がもっとも高く、果底部にいくほど低くなる。とくに果底部中央がもっとも低い。

また、果頂部と果底部の平均糖度差は、松本早生富有の1.8％に対し、西条は3％と、縦長な果実ほど差が大きいことがわかる。縦長な果実ほど果頂部と果底部の生育の差が大きいためと考えられ、試食の際は必ず果実上部（果頂部）を使うとよい（写真a）。

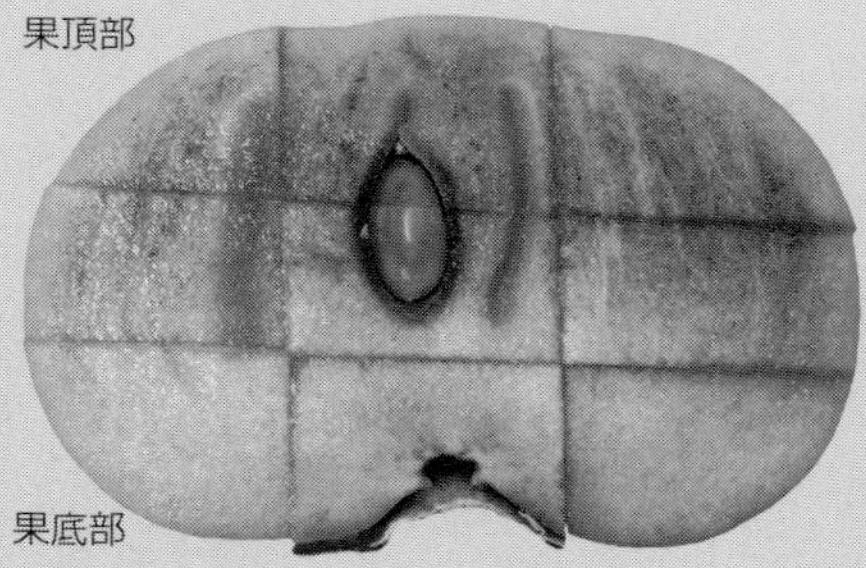

	左側	中央部	右側	果色
上部	16.8	16.6	16.4	6.8
中部	15.7	14.1	15.7	6.7
下部	15.7	13.1	15.6	6.3

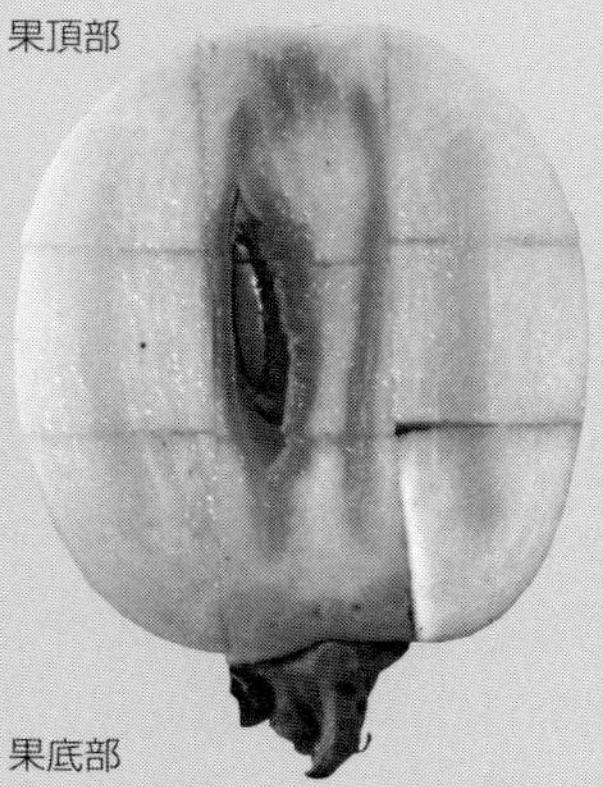

	左側	中央部	右側	果色
上部	19.1	19.6	19	8.3
中部	16.6	16.7	17.2	8.3
下部	15.5	15.3	16	7.4

写真a　果実の断面と部位別糖度（％）（2018.11.14 調査）
左：松本早生富有（261g）、右：西条（190g）、果色はカラーチャート値

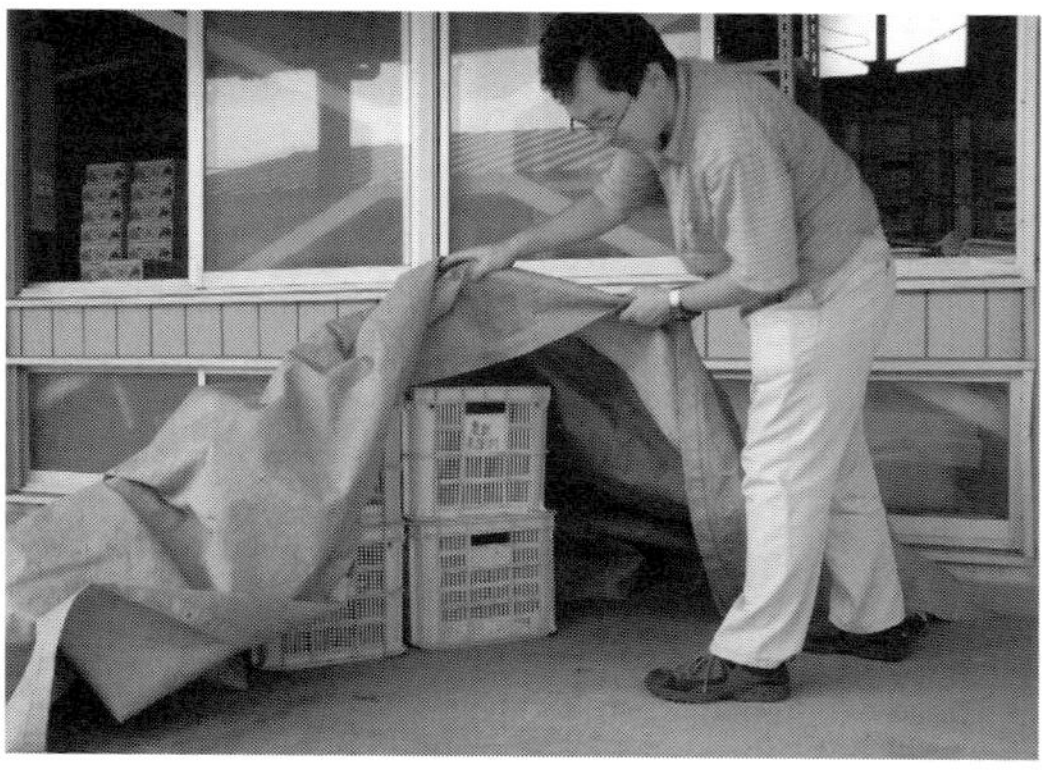

写真8-4
収穫後はコンテナに覆いをしてへたの乾燥を防ぐ

写真8-3　収穫は手袋をして丁寧にハサミで切る

切り直してから収穫袋に入れる。袋がいっぱいになったら、果実同士が傷付かないように注意してコンテナに移す。果梗が残っているとほかの果実を傷付けたり、脱渋用の袋に穴をあけたりするので注意する。

②収穫後の取り扱い

収穫した果実は直射日光のあたらないところに置き、コンテナには覆いをして果実に乾燥ストレスを与えないようにする（写真8-4）。とくに、早生甘ガキや渋ガキでは、果実が枝から切り離されると樹体からの養水分補給が途絶えるため、時間の経過とともに果実からの水分蒸散による水ストレスが生じる。これが引き金となって果実からエチレンが発生し、果肉の軟化が促進される。このエチレンは果実が収穫後に乾燥するとさらに多量に発生する。このため、果実を収穫後にいつまでも畑や選果場に放置せずに、できれば収穫後12時間以内に脱渋する。できない場合は収穫果を詰めたコンテナにシートなどを覆って乾燥を防止しておく。

（以上、倉橋）

2 各種脱渋法

カキの渋みは、果肉の中にある可溶性のタンニン物質（カキタンニン）が舌のタンパク質と結びつき細胞を麻痺させるためにおこる感覚である。このカキタンニンが水に溶けない不溶性タンニンに変化すると渋みはなくなる。その過程が脱渋である。

●脱渋のしくみ

脱渋のしくみは完全甘ガキとそれ以外の品種（不完全甘ガキ、不完全渋ガキ、完全渋ガキ）で異なる（34ページ、図2-1参照）。

①完全甘ガキの場合

完全甘ガキでは、タンニン細胞が果実発育の早い段階（開花後20～30日）で発育を停止するが、他の細胞は発育を続ける。その結果、タンニン細胞は果肉細胞内で希釈され、果実発育後期にタンニンが凝固することで脱渋される（34ページ、図2-2参照）。

②不完全甘ガキ、不完全渋ガキ、完全渋ガキの場合

これらのカキの脱渋には果実内でつくられるアセトアルデヒドが関与している。分子量の小さい可溶性（水溶性）タンニンはアセトアルデヒドが懸け橋となって分子量の大きい不溶性のタンニンになる。分子量が大きくなるとタンパク質と結合しにくくなり、渋みを感じなくなる（図8-2）。

不完全甘ガキでは、タンニン細胞の蓄積が果実の発育とともに進むが、種子から出てきたアセトアルデヒドが可溶性タンニンを縮合させて不溶性タンニンとして、渋みがなくなる。このときできた不溶性タンニンは褐斑（ゴマ）となって果肉に現われ、脱渋された証拠となる。しかし、種子の数が少ないとアセトアルデヒドの量が不十分なため、脱渋されない。

不完全渋ガキは種子から出るアセトアルデヒドの量が少なく、完全渋ガキでは種子からアセトアルデヒドがほとんど出ない。そのため樹上では脱渋されない。脱渋するには、炭酸ガスやエタノールなどで処理して、果肉内にアセトアルデヒドをつくらせる必要がある。

●CTSD脱渋

果実をコンテナなどに入れ、それらを大量に密閉できる施設に搬入し、炭酸ガスを充填して脱渋する方法である。刀根早生、平核無、太天などで利用されている（図8-3）。

処理する温度や時間は品種によって異なる。平核無では、果実を25℃で1時間予措後、施設内を95％以上の炭酸ガスで24時間維持する。炭酸ガスを排出後、20℃で2時間保持すると脱渋が完了する。太天は脱渋しにくいため、26℃で24時間の前保温後、100％炭酸ガスで24時間維持し、炭酸ガス排出後に26℃で5～6日間の後保温が必要である。

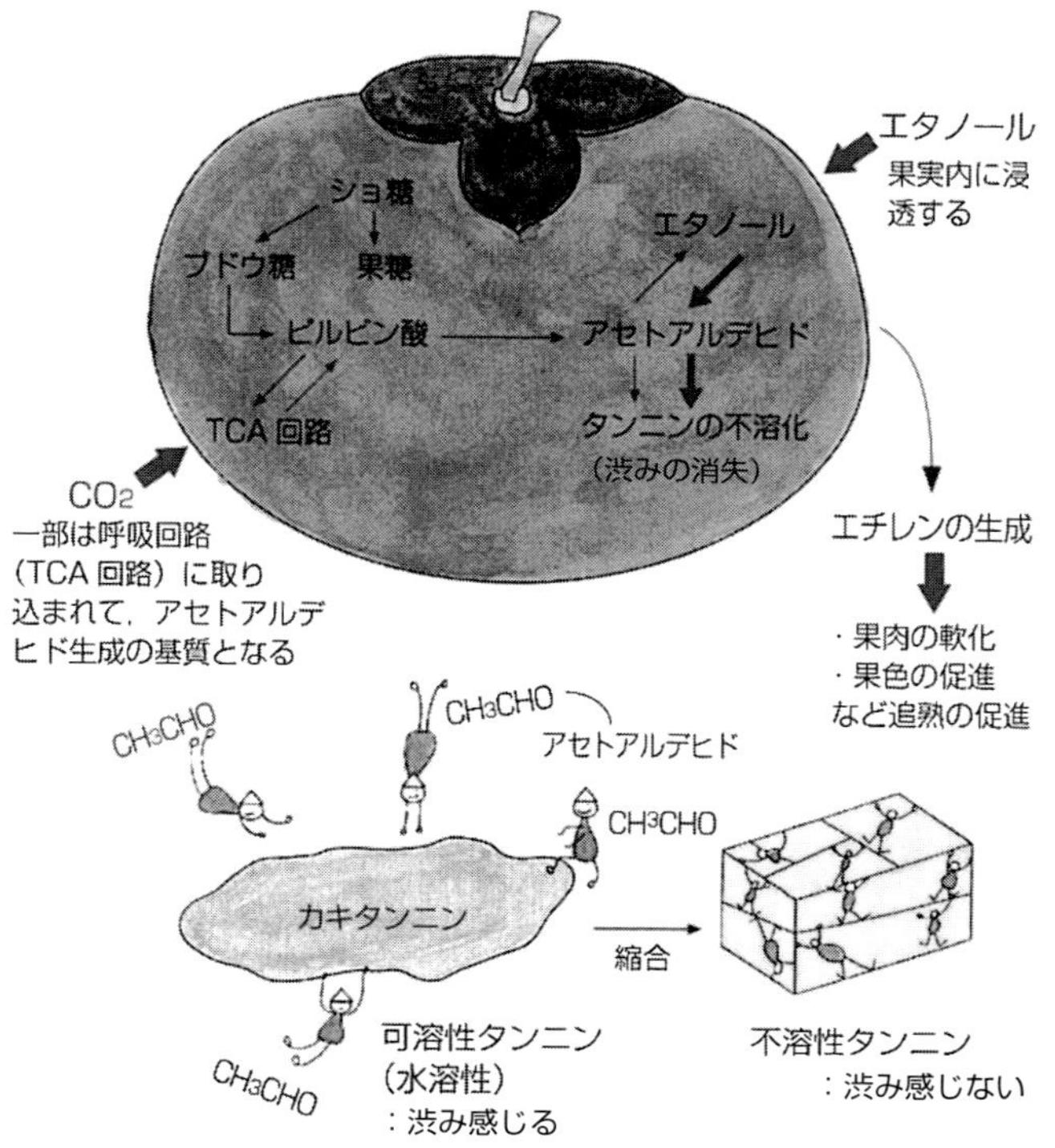

図8-2　炭酸ガス（CO_2）やエタノール処理によるカキ果実の脱渋のしくみ
（松尾、2007 を一部改変）

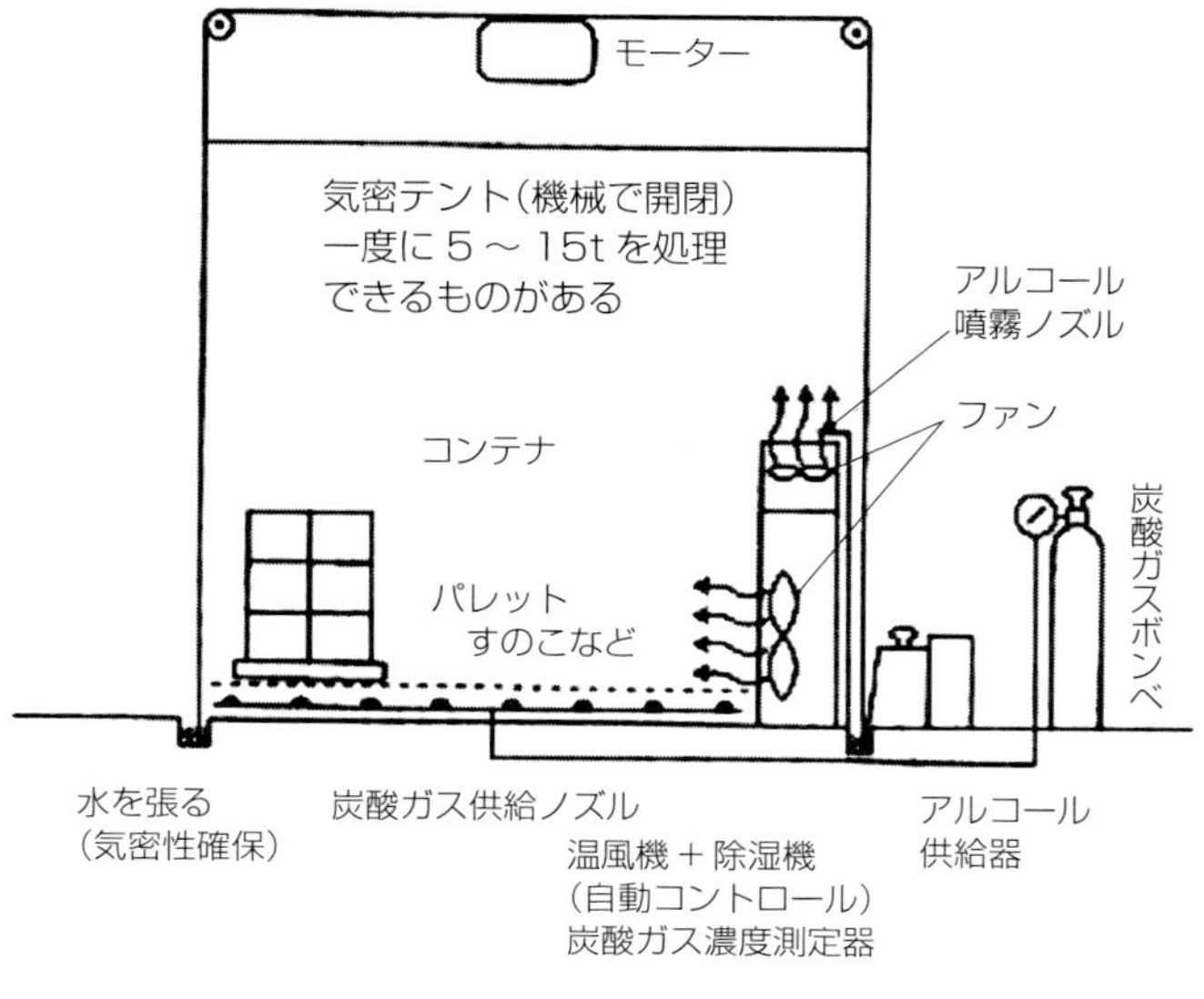

図8-3　CTSD 脱渋ができるカキ大型脱渋装置の例（平、1995）
注）アルコールと炭酸ガス併用タイプ

●ドライアイス脱渋

ドライアイスが昇華（固体から気体に変化）するときに発生した炭酸ガスを利用した脱渋法で、処理量の多少に関わらず簡便にできる。

コンテナなどにやや厚み（0・06〜0.1㎜）のあるポリエチレン製袋を入れ、果実を並べる。重量比1〜2％のドライアイスを入れ、掃除機などで脱気後、袋の口を縛り、室温に置く。平核無や西条などは3〜4日で脱渋が完了する（写真8-5）。

写真8-5　ドライアイス脱渋（西条の個包装脱渋の場合）
脱渋袋に果実を入れ、新聞紙とフルーツキャップで包んだドライアイス（重量比１〜2%を計量）を入れる。その後、脱渋袋の空気を掃除機などで抜き、結束バンドで口を縛る

ドライアイスが果実に直接触れると凍傷による障害を受けるので、新聞紙などにくるみ、フルーツキャップをかぶせる。また、ドライアイスは昇華すると体積が800倍になるため、耐久性のある厚めの袋を使って十分な脱気後に封をしなければ袋が破裂することがある。なお、低温の場所に保管すると脱渋に時間を要する。

西条は脱渋後の日持ち性が短いので、出荷箱に果実と重量比1.2％のドライアイスを封入し、輸送しながら脱渋する。

太天の脱渋にはCTSD脱渋が適しているとされているが、重量比0.6％のドライアイスを封入すると5〜6日程度で脱渋でき、滑らかな食感が得られる。ただし、果実品質を維持するため、個包装後に脱渋する。

●アルコール脱渋

果実をやや厚めのポリエチレン製袋に入れ、カキ10kgに対して50〜100mℓの35％アルコール（例として焼酎、ホワイトリカー35度）を加え、密閉して室温（20℃くらい）に置くと、1週間程度で脱渋される。果実は肉質がまろやかになり、風味も優れる。家庭でも簡単にできる方法であるが、脱渋後の日持ち性はよくない。

●樹上脱渋
（へた出し袋かけ、貼り付け法）

通常、渋ガキは収穫してから脱渋処理を行なうので、すぐに食べることができない。一方、樹上脱渋は樹に果実を成らせたまま渋を抜き、その後完熟させてから収穫する方法で、収穫直後に食べることができる。刀根早生、平核無、太天、太月などで利用できる。

①へた出し袋かけ法

おもに平核無で用いられる方法で、果肉中に褐斑が入る特徴がある。

ポリ袋に脱渋用固形アルコールを入れ、輪ゴムを二重にしてへたを包まないように袋をかける。1〜2日後にポリ袋の底をカッターで切り、固形アルコールを取り除く（図8-4）。果実はそのまま樹上で完熟させてから収穫する。

袋かけをする時期は地域によって異なるが、9月10日から9月30日（満開後112～132日）が適期である（冷涼な地域では9月20日頃まで）。袋かけをするときに果実と袋の間に隙間ができると、完全脱渋されない。

②貼り付け法

晩生の太天で開発された方法である。粉末アルコールの入った子袋を銀色のアルミシールで果実に貼り付けて脱渋する（写真8-6）。太天における処理適期は9月下旬～10月上旬で、果実の赤道面両側に貼り付け、2～3日後に取り除く。果実は樹上でそのまま完熟させる。貼り付ける際、粉末アルコールを隙間なく果面に密着させる必要があり、果面が濡れていると脱渋が不十分になったり軟化したりする場合がある。太天以外にも、太月や平核無など大型のカキに適した方法である。

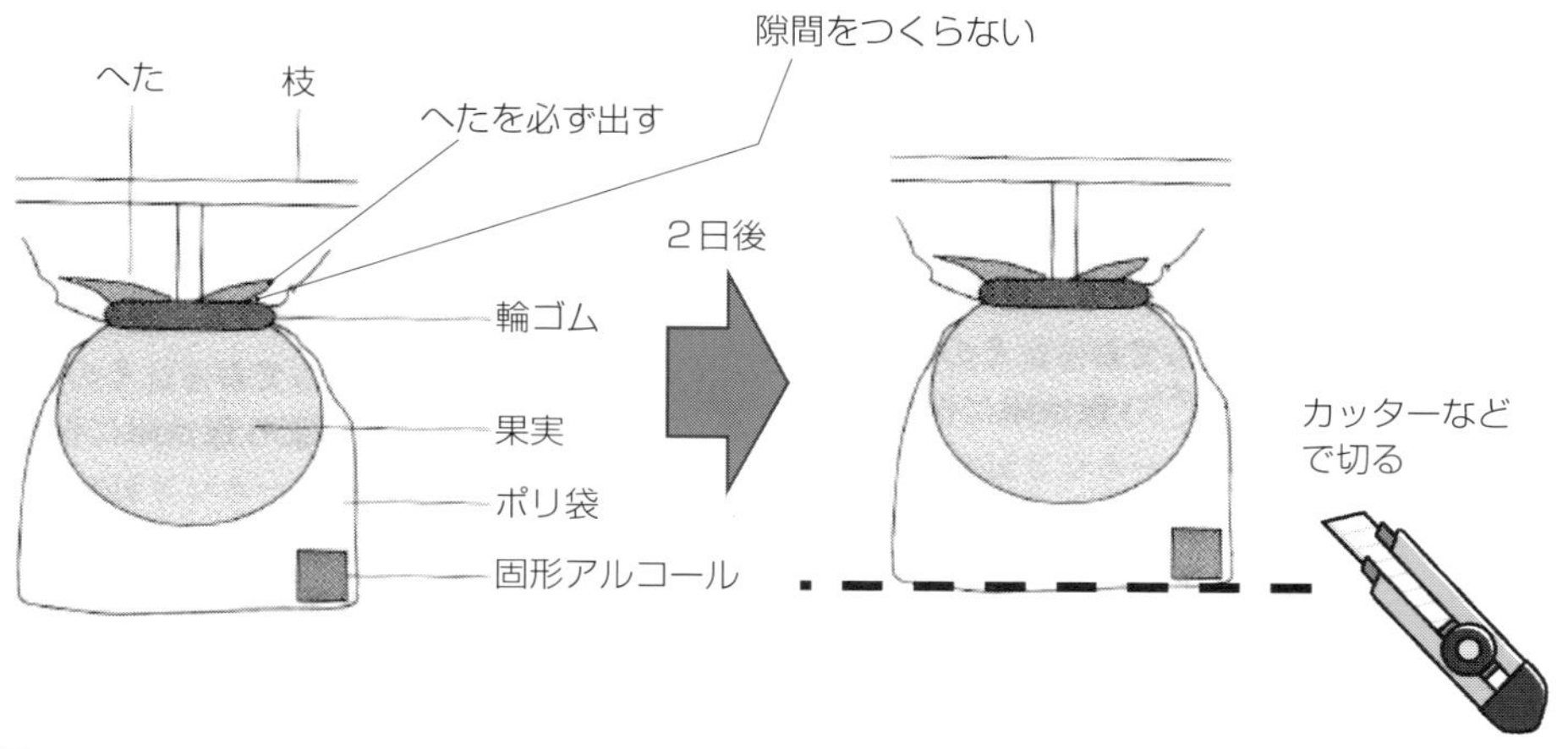

図8-4　へた出し袋かけ法による樹上脱渋の方法（平井、2007を一部改変）

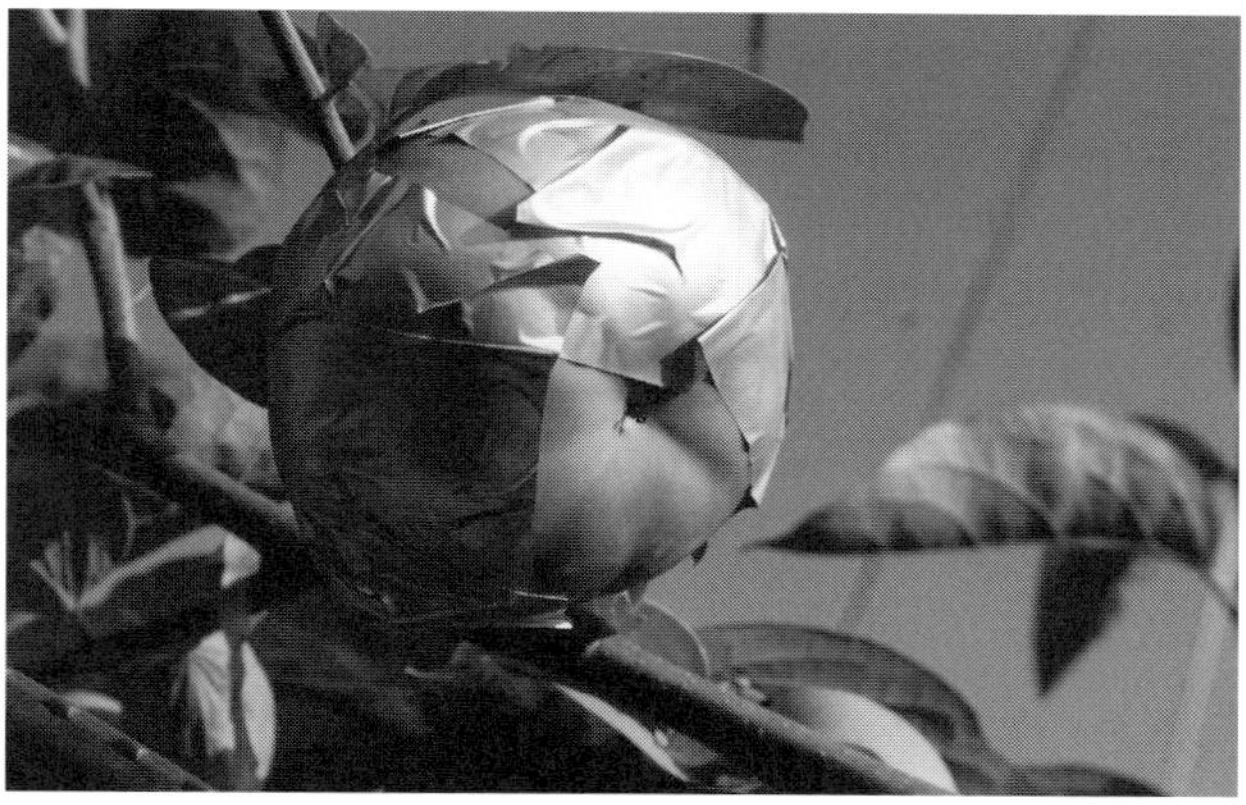
写真8-6　太天における貼り付け式樹上脱渋（貼り付け後の様子）

3 鮮度保持・貯蔵の工夫

カキ果実は収穫後、徐々にまたは急激に軟化して軟らかくなる。そして、商品性がなくなるまでの日数（日持ち性）は品種によって異なる（図8-5）。相対的に渋ガキの日持ち性は甘ガキと比較して短い傾向にある。日持ち性は適期に収穫された果実がもっとも長く、過熟果では短くなる。樹勢の弱い樹や早期落葉した樹から収穫した果実、長雨などで根が湿害を受けた年の果実も日持ち性が低下する。

軟化は果実（果肉）の細胞壁構成成分で

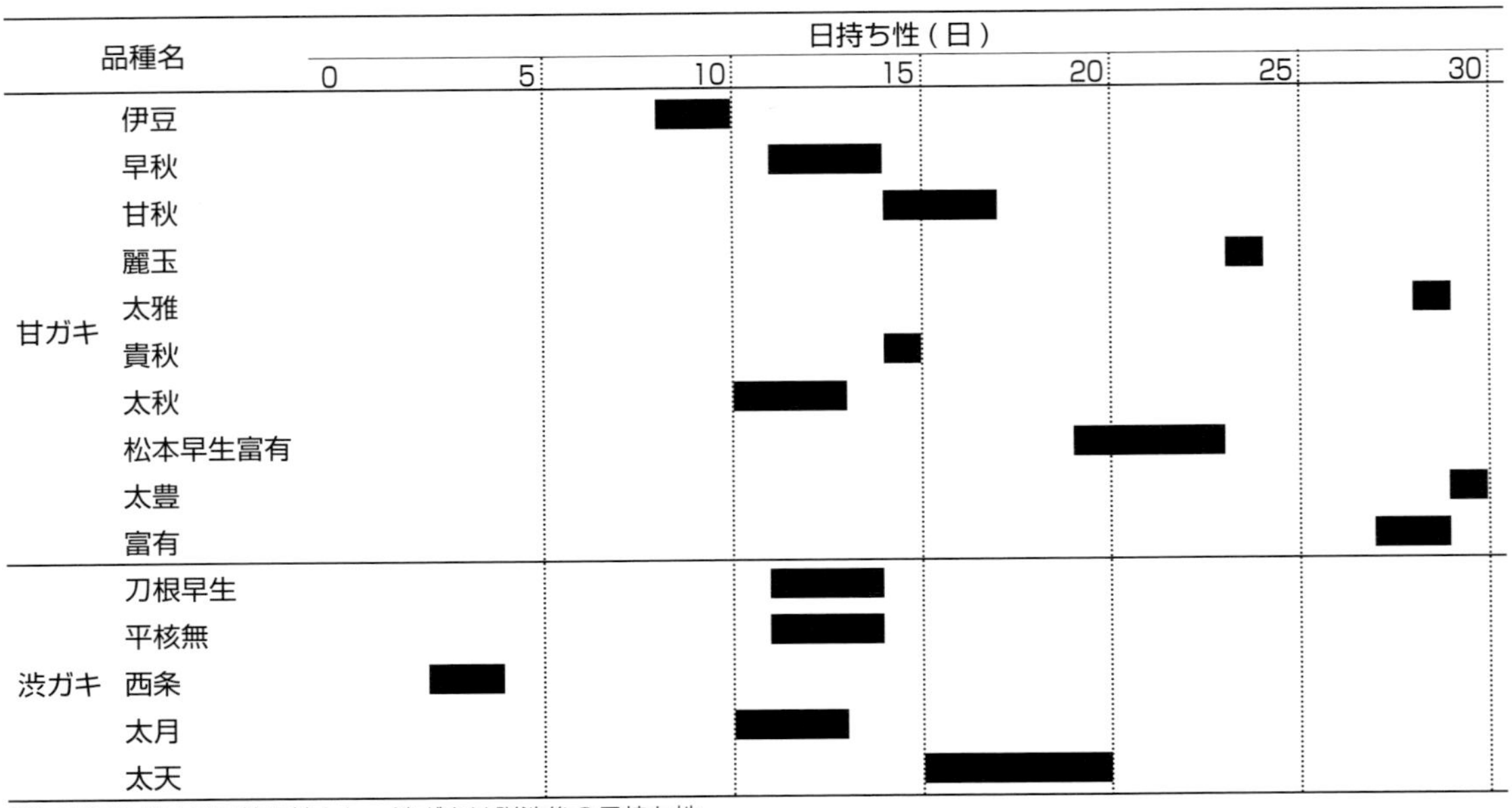

注）室温における日持ち性とし、渋ガキは脱渋後の日持ち性
果樹研究所研究報告、島根県農業技術センター成績書等を引用

図8-5　カキ品種の日持ち性

ある多糖類が分解したり、可溶化することで発生する。ここでは、適熟果が軟化するしくみや貯蔵方法を改善して日持ち性をよくする方法について紹介する。

●軟化発生機構
――渋ガキを中心に

①自己触媒的に増えるエチレンが関与

さまざまな果実の軟化には、植物ホルモンの一つであるエチレンが関与している。カキ果実でも、収穫後に軟化しやすく、日持ち性の比較的短い渋ガキを中心に、軟化とエチレンの関係が明らかにされている。

刀根早生は、収穫後2日できわめて微量なエチレンを生成するようになり、このエチレンに反応して果実が軟化する。その発生機構はまず、乾燥ストレスによりへた組織でエチレン生合成遺伝子が活性化、これにより発生したエチレンが果肉などの組織でさらにエチレン生成を誘導、つまり自己触媒的にエチレン生成を誘導していることが明らかとなっている。

②脱渋、水分ストレスでも軟化促進

平核無では脱渋処理時のアルコール濃度が高いほどエチレン生成量が多くなり、貯蔵中の軟化が早くなる。西条では、水分ストレスと炭酸ガス脱渋処理によるストレスでエチレンが生成されるとともに、軟化が促進される。

富有、花御所などの甘ガキでも、収穫後の乾燥などによって貯蔵中の軟化が早くなる。

●1-MCPによる日持ち性向上

①渋ガキは1-MCPを処理してから脱渋処理

カキ果実は貯蔵中に発生するエチレンによって軟化が進んでいく。そのため、エチレンの働きを制御することができれば、果

実軟化の抑制に有効である。

1-メチルシクロプロペン（1-MCP）はアメリカで開発された強力なエチレン作用阻害剤である。収穫後の果実に処理することでエチレン受容体は1-MCPと結合し、貯蔵中の軟化や果皮色の変化などエチレンによって引き起こされる品質の低下を抑制し、日持ち性を向上させる。

刀根早生、平核無、西条、松本早生富有、太秋などで軟化抑制、日持ち性向上に効果があり、渋ガキでは収穫後に1-MCP処理し、その後に脱渋処理するとその後の日持ち性が向上する。しかし、同一品種において、収穫時期の遅い果実は軟化に対するエチレンの影響が比較的少ないため、1-MCPによる軟化抑制効果がみられない。

また、太秋では、1-MCP処理後に厚さ0・06㎜のポリエチレン袋で個包装すると、サクサク感を収穫後約25日まで保持することができる。

②渋が抜けるかどうかは事前に確認

1-MCP処理をした加工用原料果を用いて干し柿やあんぽ柿を製造した場合、品種によっては渋残りや食感が悪くなる。

市田柿では、原料果に対する鮮度保持効果はあるが、収穫時期が早すぎる果実や果皮色の進んだ果実に対しては、十分な効果がない。西条では、1-MCP処理した原料果を硫黄燻蒸したあとにあんぽ柿にすると、渋みを強く感じる。蜂屋では、乾燥が進行しないため干し柿やあんぽ柿加工には適さない。

このように、加工原料果に1-MCP処理を検討する場合、渋が抜けるかどうかを事前に確認する必要がある。

③新剤型「スマートフレッシュ TMタブ」

1-MCPは粉剤と錠剤の2種類が使用可能であり、販売されている（2019年5月現在）。錠剤タイプは使用方法が簡便である。密閉できる施設（3.5㎥～7㎥）に果実を搬入後、専用溶液の入った容器に錠剤を入れ、出入り口を密閉する（写真8-7）。処理後12～24時間後に開放する。粉剤を使用する場合は、所定量を計量後、錠剤タイプと同様に施設内で水に溶かして使用する。

1-MCPは処理するまでの時間が長いほど効果が劣るので、収穫後速やかに処理を行なう。使用にあたっては関係機関等に相談をするのが望ましい。

●個包装による日持ち性向上

収穫後のカキ果実は、へたや果面から水分が減少しており、その水分ストレスが原因となってエチレンが増加して軟化する。

写真8-7　タブレット型 1-MCP 処理の様子
箱の上に載っている容器（矢印）に 1-MCP の錠剤を入れる

一方、多くの青果物で、ポリエチレンなどを使ったフィルム包装は、果実からの水分蒸散や呼吸を抑制し、貯蔵性を向上させることが広く知られている。カキ果実でもフィルム包装（個包装）は貯蔵性と品質向上に有効であり、多くの品種で利用されている。さらに、低温とフィルム包装を組み合わせることで、日持ち性は飛躍的に向上する。

ハウス栽培の刀根早生を、収穫後なるべく早く（6時間以内）、厚さ0・06㎜の有孔ポリエチレン袋に入れCTSD脱渋すると、軟化と果実重の損失が抑制される。

平核無では、CTSD脱渋または固形アルコールで樹上脱渋した果実を、エチレン吸収剤とともにポリプロピレンとポリエチレンの複合フィルムで個包装し、その後1℃で低温貯蔵すると、90日以上果実品質を維持できる。

日持ち性の短い西条も、厚さ0・06㎜のポリエチレン袋で密封個包装した果実を脱渋袋に入れ、低濃度のドライアイス（重量比0.3～0.6％）を封入後2℃で冷蔵すると、30日間で脱渋が完了する。貯蔵期間を延長できるとともに出荷調製ができる。さらに、脱渋後2℃で貯蔵すると、果実品質を30～60日間維持できる。

晩生の富有は、もともと日持ち性の優れた品種である。厚さ0・06㎜のポリエチレン袋に密封個包装したあと、冷蔵庫またはマイナス1.5℃の冷凍庫で貯蔵する。出荷調製と同時に単価の上昇する年末の需要期や高単価の期待できる海外で販売が行なわれている。

（以上、大畑）

4 落ち葉処理と粗皮削り

落葉病、うどんこ病は落葉が伝染源になる。したがってその発生を減らすためには、園内の落葉は焼却するか、溝を掘って埋めるかする。うどんこ病は、年内に粗皮削りを行なって伝染源である子のう殻を地面に落とし、2月頃までに土中に埋めるか、中耕を行なって密度を減らす。炭疽病多発園は、必ず休眠期に防除剤を散布する。

また、粗皮の中にカイガラムシ類、カキクダアザミウマ、カキノヘタムシガなどが越冬するので、バークストリッパーなどで粗皮削りを行なって越冬密度を下げ、その後、マシン油乳剤を樹幹に丁寧に散布して防除を徹底する。

コナカイガラムシの発生樹には3月、根元付近の主幹～主枝を50㎝以上の幅で環状に粗皮を削り、そこに所定の濃度に薄めたジノテフラン溶液を、刷毛を使って泡立てるように塗り込む。新梢が伸長し、コナカイガラムシの越冬世代がそれを加害する頃、有効成分が新梢内に移行し、防除する。

（以上、倉橋）

実際編

第9章 施肥と土壌管理のポイント

施肥管理の仕方、土壌改良と地表面管理

この章では、さまざまある土壌でも早期成園化と継続的な多収・高生産が叶う施肥および根域集中管理法を紹介する。

1 カキの養分吸収量と施肥管理

カキは、平坦地から傾斜地、水はけのよい園から悪い園、砂地から重粘土壌の園まで、さまざまな条件で栽培されている。栽培に向いた肥沃な土壌であれば土壌改良などしなくても樹は旺盛に生長するが、逆に、重粘土壌や水田転換園、造成地など不適地では、人為的に土壌を改良してやらないと樹は十分に生長できない。

●カキの年間養分吸収量

3t/10a程度の高収量をあげている強制誘引開心形の10年生西条園の養分吸収量を見ると、カリが10aあたり15kgともっとも多く、次いでチッソ9.3kg、カルシウム7.1kg、マグネシウム1.9kgで、リン酸は1.6kgでもっとも少なかった。これに対し、1.6t/10aの慣行Ⅰ区では、チッソ吸収量が10.2kgともっとも多く、次いでカリ、カルシウムの順となる。生育的には新梢が伸びすぎており、チッソ吸収量が多すぎて栄養生長に傾いていた。また、1.2t/10a収量の慣行Ⅱ区は樹勢が弱く、すべての養分の吸収量が少なかった（表9-1）。

また別の1.5t/10a程度の収量をあげている次郎と富有の成園の養分吸収量は、10aあたりチッソが8～10kg、リン酸が2～3kg、カリが7～10kg前後となっている（表9-2）。

以上のことから、カキで高収量を得るため

表9-1　西条の強制誘引開心形と慣行栽培の養分吸収量の比較（kg/10a）

園名	チッソ	リン酸	カリ	カルシウム	マグネシウム
強制誘引開心形（10年生）	9.31	1.61	14.95	7.09	1.9
慣行Ⅰ（7年生）	10.21	1.54	9.71	5.78	1.36
慣行Ⅱ（10年生）	6.86	1.01	4.28	3.98	0.86

注）収量　強制誘引開心形：3.3t、慣行Ⅰ：1.6t、慣行Ⅱ：1.2t

の養分吸収量は、チッソで10aあたり10kg、リン酸2kg、カリ10kg、カルシウム7kg、マグネシウム2kg程度と推定される。この無機成分量が十分に樹体内に供給できるような施肥や土づくりが大切である。

●時期別のチッソ利用パターン

年間のチッソ利用パターン（図9-1）を見ると、チッソは発芽前の3月上旬から吸収されるが、この時期を含む生育初期は、旧枝や旧根内に貯蔵されているチッソが葉や新梢へ移行して葉や新梢を生長させる。次いで、6月頃までは土壌から吸収したチッソと樹体内から転流した貯蔵チッソによって新梢、葉が生長する。

そして6月上旬の養分転換期以降は、根から吸収されたチッソにより葉、新梢や果実などが生長する。果実の生長とともに果実に利用されるチッソ量は増加し、旧枝や根などの器官にも貯蔵養分として蓄えられていく。これが年間を通した大まかなチッソ（吸収・貯蔵）利用のパターンである。

表9-2　次郎、富有の養分吸収量の比較（kg/10a、佐藤 1956）

園名	チッソ	リン酸	カリ
次郎（9年生）	8.55	2.3	7.33
富有（25年生）	9.96	2.36	9.24

注）次郎：40本植え、収量　1,425kg/10a、富有：10本植え、収量1,695kg/10a

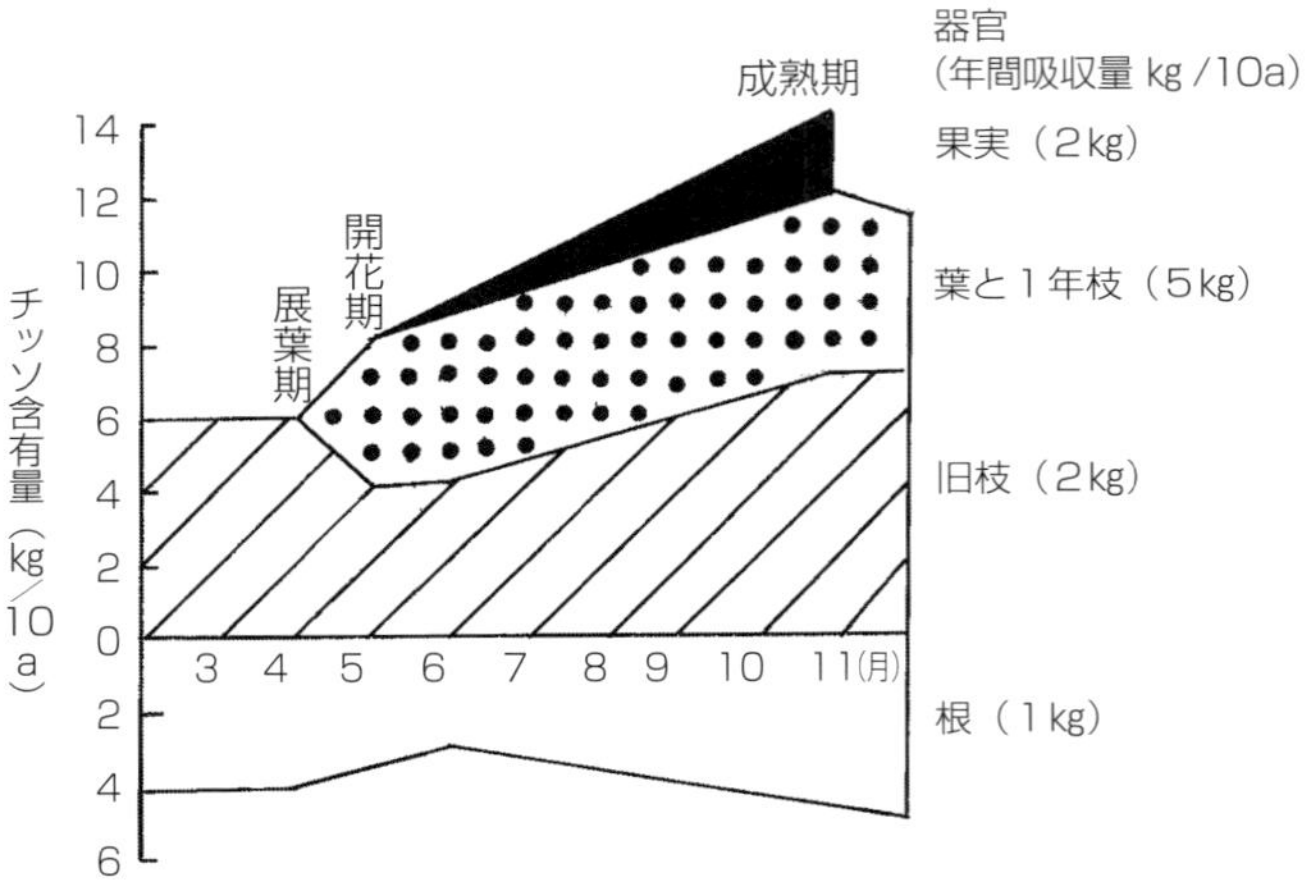

図9-1　高生産樹の年間のチッソ吸収パターン（模式図）

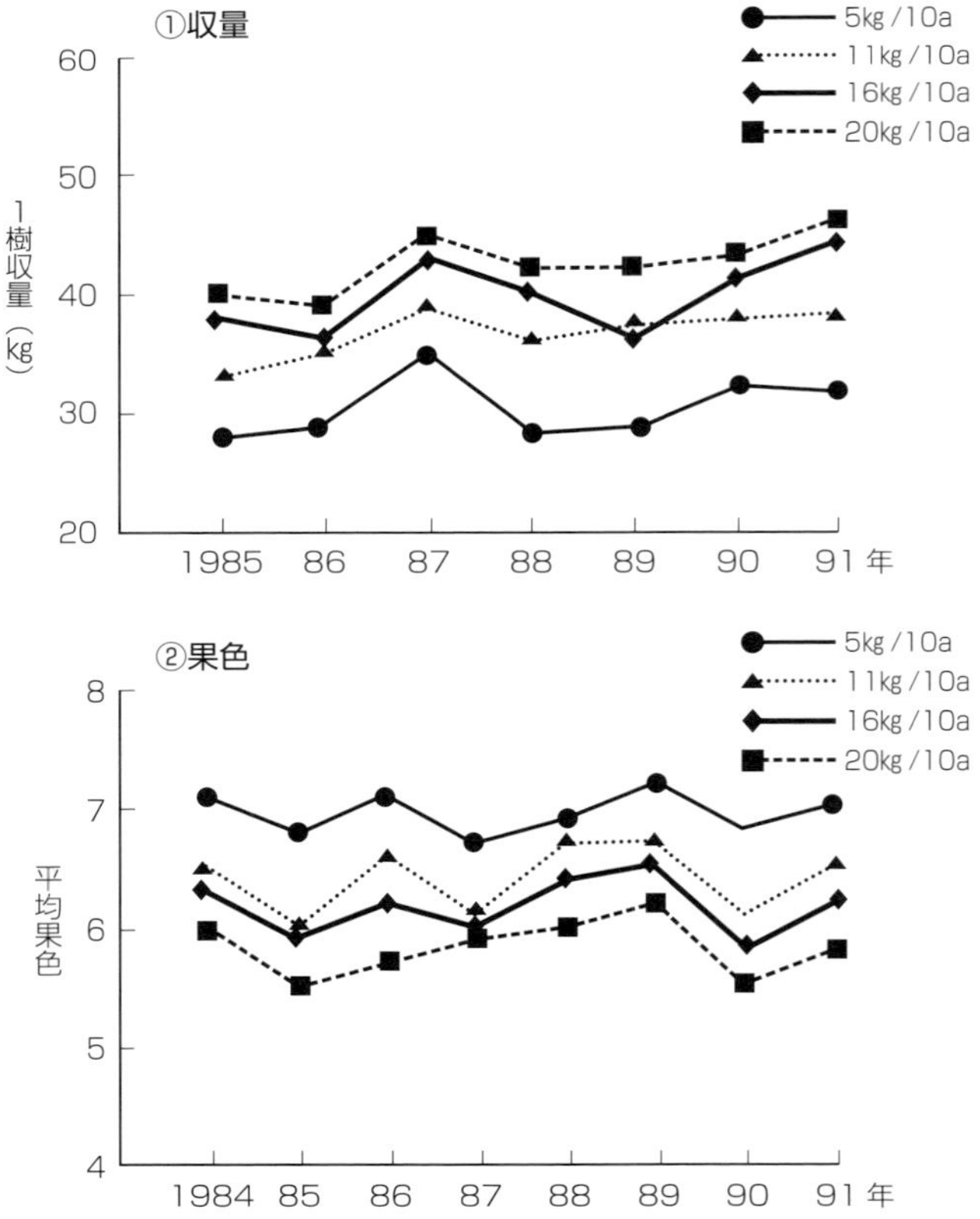

図9-2　年間チッソ施肥量と1樹あたりの収量および果色（松村）

●施肥チッソ量と生育との関わりは？

チッソとカリの施肥量を10ａあたり５kgから20kgまで変えて８年間その生育と収量を調査した試験（品種は富有）をみると、もっとも多い20kg／10ａを施肥した樹は、収量こそもっとも多くなったが、果色はもっとも悪くなった（図９-２）。逆に、施肥量のもっとも少ない５kg／10ａを施肥した樹は、果色がもっともよいが収量が少なくなり、果頂軟化も多くなった。

以上から、収量と果実品質を勘案すると、年間チッソ施用量は富有の場合、15kg／10ａ程度でよいと考えられる。

●施肥設計のポイントと時期

以上のような養分（チッソ）吸収量やその利用パターンなどと、土壌からの供給量や雨による流亡などを考慮すると、成園時の10ａあたりの施肥量はチッソ15kg、リン酸５kg、カリ15kg、石灰10kg、苦土５kg程度がよく、施肥時期は、元肥が２月中旬から３月上旬、夏肥は６月下旬、礼肥を９月下旬～10月中旬がよいと考えられる（表９-３）。

それぞれの園の施肥量は、この設計を参考に、生育を観察して果実品質、収量などから毎年修正し、決定する。

元肥　元肥の施用時期は12月～１月が一般的だが、この時期に施用すると流亡が多くムダになりやすい。吸収効率が高い２月中旬から３月上旬に施用する。

また、チッソ、リン酸、カリ、カルシウム、マグネシウムなど主要な成分を遅効性肥料で施用する。カルシウムも多く必要とするので、土壌pHが5.5～６の範囲に収まるように苦土石灰などを施用する。

夏肥　夏肥は、養分吸収の旺盛な６月下旬～７月上旬に、樹勢の維持と果実肥大を促進するために、速効性肥料で施用する。また、樹勢が強く、２次伸長枝などの発生が甚だしい場合は、着色不良や成熟遅延を招きやすいので施用を控えるか、施用量は少なめにする。樹勢が中庸な場合は必ず施用し、弱い場合は多めに施用する。

礼肥　礼肥は、樹勢回復と、貯蔵養分の蓄積のために施用するもので、速効性肥料が主体となる。

施用したチッソが葉に効果が出るのが30日後、果実へは60日後であり、収穫期の30日くらい前の施用なら葉の機能を高め、果実への悪影響がないと考えられる。西条などの早生から中生種は９月下旬、富有などの晩生種は10月中旬に施用する。最近の研究で、礼肥は吸収量や利用効率が低く、施用しなくても樹体に与える影響は少ないとの報告もあり、省略する場合は、夏肥の施肥量を増やしておく。

表９-３　カキ成木の施肥例（kg／10ａ、品種：富有、西条）

施用時期	チッソ	リン酸	カリ	石灰	苦土
元肥（２月下旬～３月上旬）	10	5	10	10	5
夏肥（６月下旬～７月中旬）	3		3		
礼肥（９月下旬～10月中旬）	2		2		
合計	15	5	15	10	5

●樹齢別施肥量と施肥位置

樹齢別にみると、植え付け後１～２年目は早期成園化に向け、早く新梢が伸びるよ

表9-4　カキの樹齢別チッソ施肥量

樹齢（年）	目標収量（t/10a）	施肥量（kg／10a）	施用法
1～2	—	3～5（速効性肥料）	5～8月に10日ごと×10回 30g/1年目、50g/2年目
3～5	0.5～1.5	6～12	成木と同じように年3回施用、樹冠の広がりに合わせて施用
6～	2～3	15	

表9-5　カキ園の土壌改良目標（青木）

物理性	有効土層	60cm、ただし60～80cm深さに透水不良土層がないこと
	緻密度	20mm以下（山中式硬度計）
	粗孔隙	深さ60cm以内の土の粗孔隙、15%以上
	透水係数	10^{-4}cm／秒以上
	地下水位	80cmより深いこと。浅くても60cm深さで安定していること
化学性	pH（H_2O）	5.5～6.0
	有効態リン酸	10～25mg（トルオーグP）
	置換性石灰	200～300mg、塩基置換容量が15～20me
	〃　苦土	30～40mg、塩基飽和度70%
	〃　カリ	15～20mg
	腐植含量	3～5%以上

うに施肥を行なう。

1年目は根がほぼ活着して新梢が伸び出してきた5月中旬から、速効性肥料30g／樹程度を8月上旬まで10日に1回程度施用する。2年目は新梢が伸長してくる4月中旬から同じく50g程度を8月上旬まで10日ごとに施用し、早く樹を大きくする（表9-4）。

3年目から結実してくるので、成木と同じ時期に、年3回施用とする。施肥量は樹冠の広がりに合わせ、成木の施肥量から一定ぶん減らした量を施す。6年目頃から成園並の収量を上げるような施肥管理を行なう。樹勢が弱く、園が樹冠で埋まっていなくても、施肥設計どおりの肥料を施用し、早めに園を埋めるようにする。

また、園全体へ均一に肥料を施用すると流亡が多く、吸収効率が悪くなると考えられる。そこで、植え付け時から計画的に深耕し、その部分のみに施用する根域集中管理がよい（詳しくは後述）。既存園で深耕していない場合は、細根が多く分布していると考えられる幹から樹冠の先端までに多く施用する。

2 土壌改良と土壌管理

カキは深根性の永年作物で、生育は土壌条件に大きく左右される。現在多くのカキ園は雑草草生で管理されており、土壌改良や有機物の施用が十分に行なわれていない。そのため土壌が痩せて、無機成分の吸収が少ない園が多い。堅密な粘質土や開発地の園では土壌改良を行ない、根域を広げて十分な養分が吸収できるようにする（表9-5）。

●根域集中管理の実際

①吸収根の密度を高める土壌管理

西条の高生産樹と低生産樹の根の分布を比べると、高生産樹は根域が広く、細根がたくさん分布していることがわかる（写真9-1）。

カキは深根性で、養水分の吸収に関与する新根は発生しにくいといわれているが、高品質多収生産には、土壌改良をしっかり

写真9-2
植え付け時の暗きょ排水溝の施工（溝状の土壌改良）
①深耕する場所に堆肥とモミガラを敷いてトレンチャーで深耕する、②深さ60㎝程度の溝を掘る、③暗きょの中にモミガラ、タケなどを入れる

写真9-1　根の分布状況
（上：高生産樹、下：低生産樹）

行なって、この吸収根の密度を高めることがポイントとなる。

②効率的な根域集中管理

カキ園の土壌改良は、園全体を深さ60㎝程度まで、表9-5のような目標値に改められれば最良である。しかしそのためには大きな労力がかかり、現実的には難しい。そこで、樹の周りを中心に、全園の3分の1程度を計画的に改良する根域集中管理という方法がある。

植え付け時から取り組めば早期成園化も図られる。

③植え付け時の土壌改良

根域集中管理を行なう場合は、植え付け前に必ず暗きょ排水を入れる。しかし、排水不良が予想される粘土質土壌や水田転換園でタコツボ方式の深耕を行なうと水が溜まりやすく、かえって生育不良となる。そこで永久樹の下には暗きょ排水として、川砂やモミガラなどを入れ、その中にタケやコルゲート管などの排水管を通す。

根域集中管理としては、植え付け時にすべての樹を対象に溝状に深耕する方法と、永久樹を中心に根域を広げる方法とがある。

溝状の根域集中管理としては、植え付け時に暗きょ排水と植え穴兼用の溝を幅1.5m、深さ0.6m程度に掘り、その中に土壌1㎥あたり完熟堆肥100～150kg、苦土石灰などを入れてよく混合しておく(写真9-2)。植え付け間隔4×4mで園の38%を改良することになり、ほぼ間伐時までこの部分のみ肥培管理すれば、十分に生育する。

永久樹中心の根域集中管理としては、図9-3のようにすべての樹の植え穴を直径1m幅、深さ0.6m程度を上記の方法で改良する。その後、永久樹と2次間伐樹の植え穴の周囲を2年程度かけて改良し、根域の範囲を直径3m

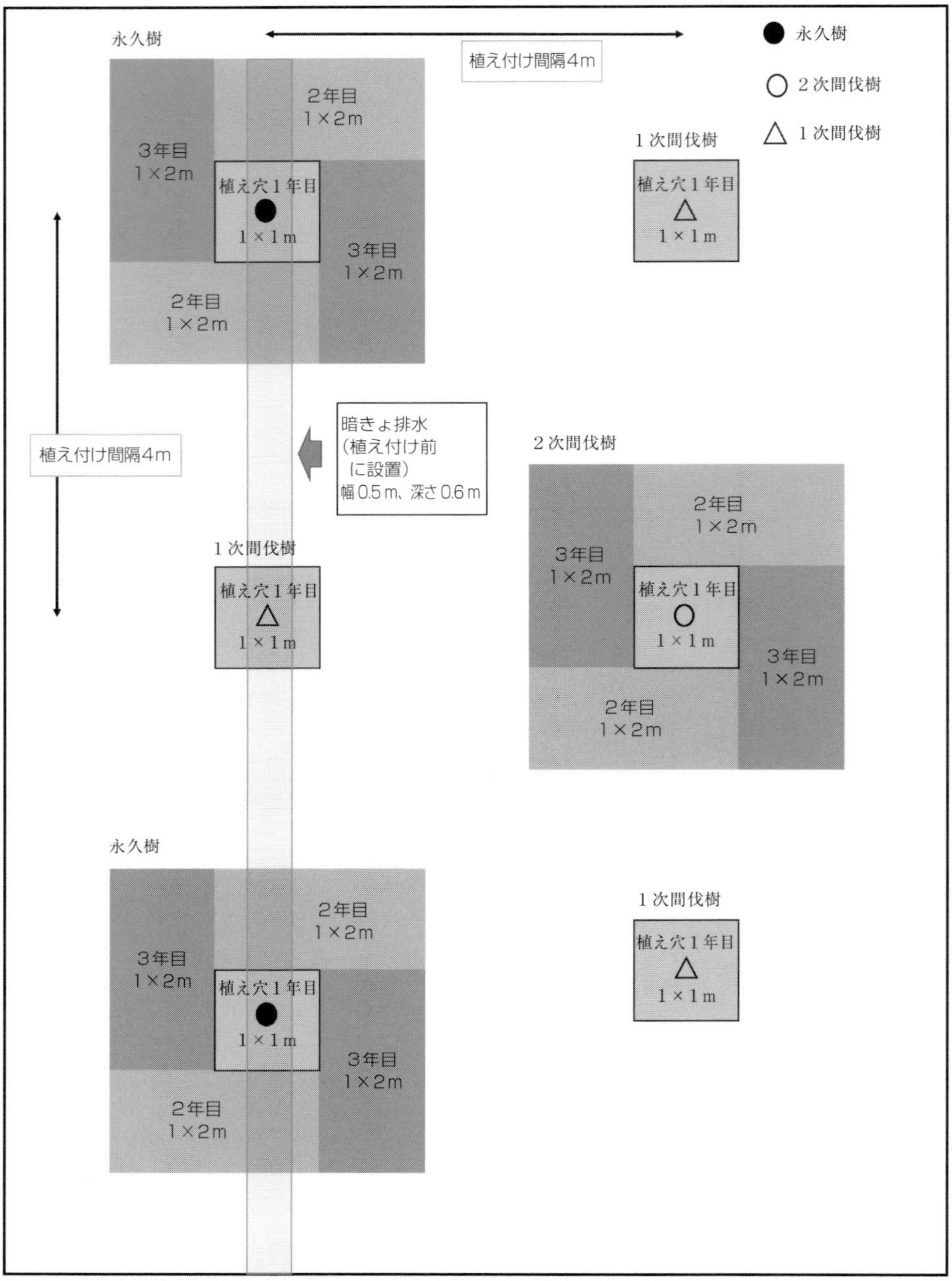

図9-3　植え付け時から3年目までの土壌改良方法（30%改良）

写真9-3　堆肥の土壌表面散布（2t/10a 程度）

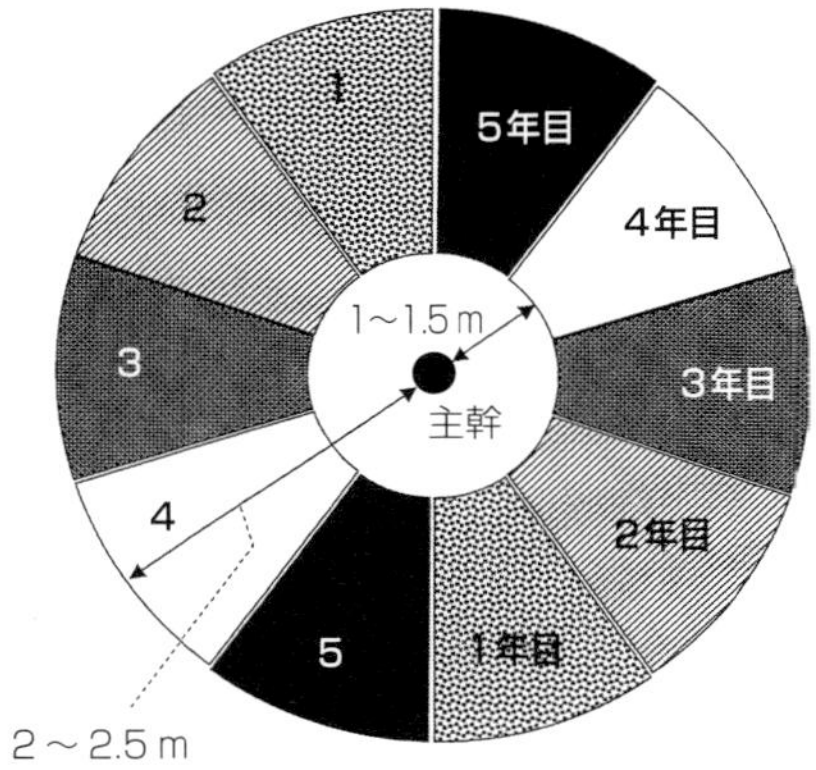

図9-4　10年生以後の5年ごとのローテーションによる深耕
同じ色の部分を同じ年に深耕し、5年で樹の周りすべてを深耕する

幅程度に広げていく。溝状の改良は植え付け前の1年でできるが、永久樹中心の改良は3年程度かかる。

表9-6　カキ富有への有機物の4年間連続施用が土壌化学性に及ぼす影響（1982、島根農試）

試験区	深さ（cm）	T-C（%）	T-N（%）	置換性塩基（mg/100g）			有効態 P_2O_5 (mg/100g)
				CaO	MgO	K_2O	
堆肥2t区	0~15	5.18	0.481	351	116	49	90.4
	15~30	1.87	0.165	193	85	41	93.6
堆肥4t区	0~15	6.34	0.552	379	120	85	133.6
	15~30	0.99	0.139	38	26	41	22.7
堆肥6t区	0~15	4.58	0.453	270	122	72	99.2
	15~30	1.42	0.521	126	126	69	98.6
化学肥料区	0~15	3.12	0.271	145	37	32	21.6
	15~30	2.86	0.217	63	24	23	4.7

表9-7　カキ富有への有機物の4年間連続施用が生育や果実品質に及ぼす影響（1982、島根農試）

試験区	樹高 (m)	葉内チッソ含量（%）	収量 (kg/樹)	1果重 (g)	果色 z	糖度 (%)
堆肥2t区	4.7	2.02	35.4	227	4.8	13.9
堆肥4t区	4.6	1.97	40.3	251	4.8	13.7
堆肥6t区	4.8	2.1	42.3	253	4.9	14.2
化学肥料区	4.8	1.78	35.1	238	4.9	13.6

z 農林水産省旧果樹試験場基準カラーチャート値

④成園時の土壌改良

植え付けてから10年目以降になると根域が広がってくるが、古い根が多くなり、養分を吸収する新根の発生が少なくなる。そこで、定期的に断根と深耕を行なって新根の発生を促進し、樹勢の維持を図る。

改良方法としては、図9-4のように幹を中心にドーナッツ状の円を描き、放射状に10区画に分け、対角線上の同じ色の部分を同じ年に深耕する。

深耕は、幹から1~1.5m地点から2~2.5mくらいまで深さ50~60cmを行なう。深耕する表面に堆肥を土1㎥あたり100~150kg置き、バックホーなどで土とよく混和して埋め戻す。その場所に直径2cm以上の太い根がある場合は切らずに埋め戻しておく。これを5年間続けると、樹の周りすべてで深耕したこととなる。改良した部分には細根がたくさん発生し、樹勢の低下が少ない。

●有機物の表面施用だけでもよい

労力的な問題や傾斜地など深耕できない場所では、植え付け時に上記のように深耕して植え付けたのち、完熟した豚ふんや牛ふん堆肥などの有機物を表面に散布するだけでも（写真9-3）、土づくりの効果が認められる。

山地造成園の富有に牛ふん堆肥を4年間、量を変えて連用したところ、化学肥料のみ施用した区に比べ、土壌表層（0〜15cm）の全炭素、チッソ含量、置換性塩基などが多くなった（表9-6）。それに合わせ生育も、葉内チッソ含量が高まり、落葉時期が遅くなり、収量もやや向上した。さらに連用すれば、増収効果が認められると考えられる（表9-7）。

年間の有機物の消耗量は1t/10a程度といわれている。そこで実際の有機質肥料の施用量は2t/10a程度とし、年内の地温の高いうちにある程度分解させる必要があるので、遅くとも12月までに施用する。

●草生栽培という手段もある

傾斜地の多いカキ園では、土壌の流亡防止、土壌物理性の改善、有機物の供給などに草生栽培が有効である。

雑草草生栽培では年4〜5回の草刈りを行なう。注意点として、晩霜の被害が心配される時期は、雑草が生えていると気温が下がりやすく霜害がひどくなるので、全園の除草を行なう。霜害の心配がなくなったら定期的な除草に切り替える。8月以降は、草が大きいと汚損果の発生増加につながるので除草を徹底する。

また、ナギナタガヤ（イネ科）やヘアリーベッチ（マメ科）を用いた草生栽培では、春先から6月頃まで繁茂し、その後枯れてマルチ状に地面を覆うため、他の雑草の発生を抑える効果がある（写真9-4）。播種時期は10月で、播種量はヘアリーベッチ（マメ科）が3〜5kg/10a、ナギナタガヤ（イネ科）が2〜3kg/10aである。播種する前に雑草を除草剤で枯らしておき、ナタネ油カスなどと混合して播種する。摘蕾作業時などに脚立に絡みついたり、雨天時には滑ったりするので注意する。

写真9-4　イネ科雑草とクローバの混植による草生栽培

実際編

第10章

施設栽培のポイント

加温（促成）栽培は現在あまり行なわれず、中生品種で雨よけ抑制栽培

写真10-1　刀根早生の加温栽培ハウス
ハウス構造にあわせたY字形の樹姿（上）と果実（下）

1 作型とその特徴

●品種によって促成もしくは抑制で

露地栽培の収穫期は、西村早生の9月中旬から始まり、富有の11月下旬までのほぼ2カ月間に集中する。収穫労力が集中し、価格の維持も難しい。露地栽培ではまた、発芽から展葉期の晩霜害であったり、強風害により樹体の被害を受けやすく、降雨などで汚損果が発生し、品質が低下する場合が多い。こうしたことから出荷期間の延長と収穫労力の分散および高品質果実生産による価格の上昇を図るために、ハウス栽培が導入されてきた。

しかし、7～8月のハウス内温度は露地より高く、カキの果実生長第2期が停滞して果実生長第3期に入るのが遅くなる。結局、生育日数が長くなって成熟期も遅くなるという現象が発生する。促成栽培は加温をして生育を前進させ、果実生長第2期を高温期より前の6～7月に早められる西村早生、刀根早生などの早生品種でないとできない（写真10-1）。

表10-1　施設栽培での品種別の栽培特性

品種	西村早生	刀根早生	太秋	西条
作型	促成	促成	普通~抑制	普通~抑制
熟期	早くなる	早くなる	やや遅くなる	やや遅くなる
着色	良好	やや悪くなる	よくなる	よくなる
収量	多くなる	多くなる	やや多くなる	やや多くなる
品質	やや小玉	良好	良好	良好
日持ち性	良好	やや悪い	良好	良好
受粉	必要	必要なし	必要なし	必要
生理落果	ほとんどなし	条件により多発	ほとんどなし	条件により多発

ただ、これら早生品種も着色期が高温の8月にあたるため、着色が多少遅れ成熟までの期間が長くなるが、8月~9月の収穫は可能である。

一方、太秋や西条などの中生品種では、果実生長第2期が7月~8月の高温期にあたるため、生育が停滞して成熟期が遅くなることを利用して、雨よけハウスで高品質果実を多収する抑制栽培を行なっている。

●促成栽培（普通加温栽培）

カキの促成栽培には、これまで西村早生、刀根早生が用いられてきたが、現在は、ほとんどが刀根早生または刀根早生の枝変わり品種である。刀根早生の促成栽培は、豊産性で品質はよいが、高温下で成熟するためか脱渋後の軟化が露地よりやや早い。

作型としては、自発休眠完了期前に12月から加温を開始し、7月上旬から8月上旬に収穫を行なう早期加温、1月中旬に加温を開始し、8月上旬から9月上旬に収穫を開始する普通加温が行なわれてきた。しかし、自発休眠完了期前に加温を開始するために栽培が不安定で、加温燃料も多く必要な早期加温は、現在ほとんど行なわれていない。

①加温時期と温度管理

自発休眠明け直後1月から加温を開始し、晩霜害の心配がない4月中下旬まで加温を行なう。加温開始から発芽期までは最高気温25~28℃以下、最低気温は、加温開始時が5℃程度で、1週間してから10℃に上げて管理する。発芽期から開花期までの昼夜温格差が大きいと、すじ果や奇形果が多くなるため、最高気温25℃、最低気温12~15℃で管理する。開花終期以降、6月中旬~下旬にサイドビニルを除去するまでは、最高気温30℃を目標とする。夏季の高温時には、高温障害が生じやすく、8月下旬以降は着色促進の目的からも、谷換気、大型換気扇による強制換気などを行なう。

②湿度管理

ハウス内の湿度は、加温開始前から発芽揃いをよくするために高く保つ。そして、発芽期以降はやや乾燥気味に管理する。とくに、開花期に湿度が高いと枯死花弁に灰色かび病が発生しやすく、果面障害の原因となるので、灌水は控え、乾燥気味とする。成熟期の果面周辺の多湿は、破線状汚れ果の発生原因になる。摘葉や強制換気により湿度低下に努める。

③水分管理

加温開始直後は50㎜と十分な灌水を行ない、その後、展葉期から開花期まではpF値2.3を目標に7〜10日間隔、結実期から着色期は5〜7日間隔で灌水する。1回の灌水量は30㎜程度とする。

開花期前後は灰色かび病の発生が助長されるため、灌水はできる限り行なわない。また、ハウス内の高湿度は灰色かび病だけでなく、汚損果発生の原因にもなるため、日没までに土壌表面の水分が蒸発するよう、灌水は晴天日の午前中に行なう。汚損果は成熟期直前に発生することが多いので、灌水のやりすぎには注意する。また、着色期以降に汚損果を防止し、着色も向上するために白色マルチを敷く。

●雨よけ抑制栽培

太秋や西条などの中生品種では、加温栽培を行なって開花期を早めても成熟期が夏季の高温期にあたるため着色が進行せず、結果的に露地栽培と収穫期がほとんど変わらない。これらの品種では雨よけハウスで

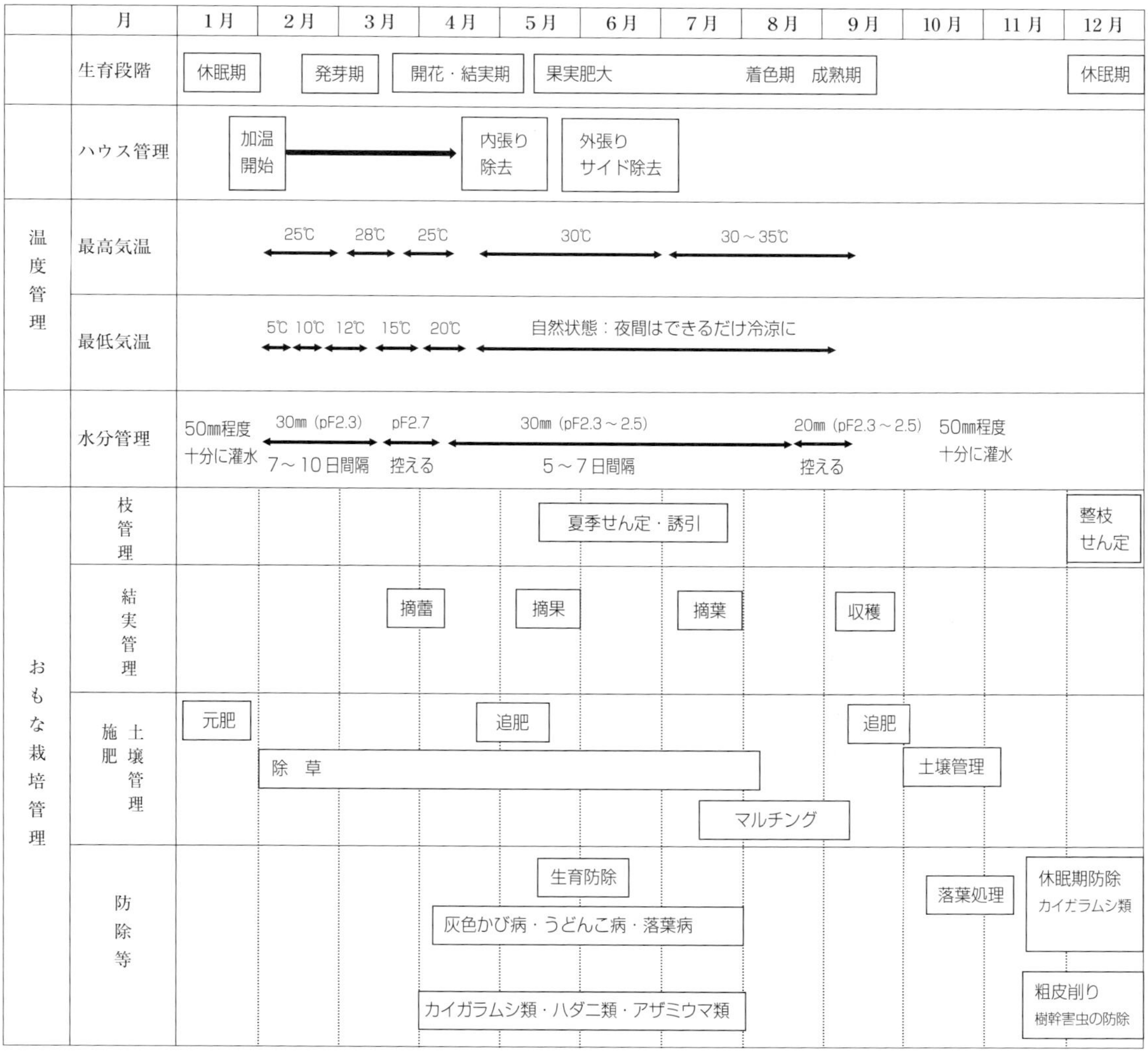

図10-1　カキ刀根早生普通加温栽培の生育相と栽培管理（和歌山県果樹試験場紀北分場、1991、一部改変）

写真 10-2　雨よけ抑制
左は西条のハウス、右は太秋。汚損果が激減し、きれいな果実

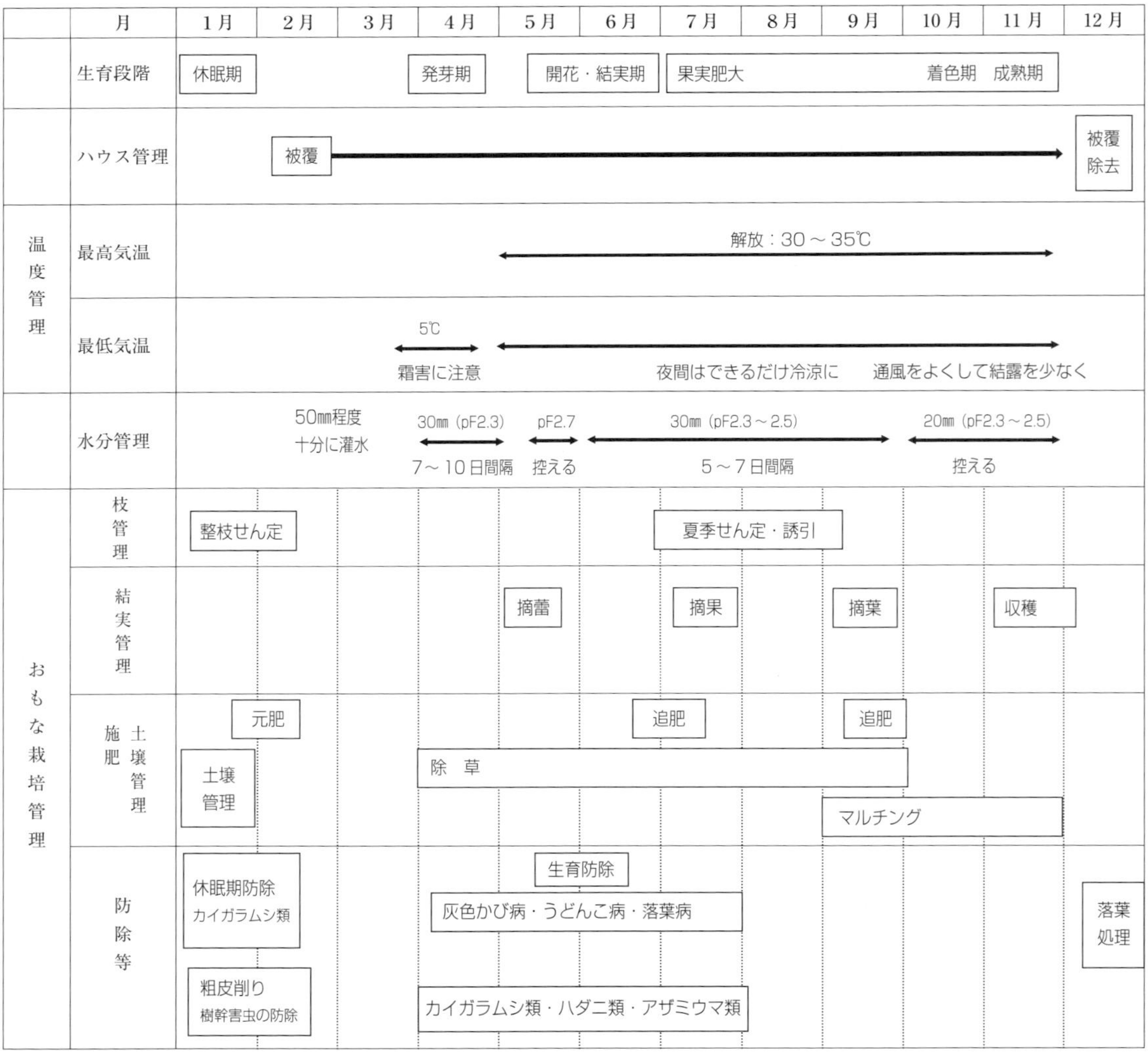

図 10-2　カキ太秋、西条の雨よけ抑制栽培の生育相と栽培管理

高品質果実を多収する抑制栽培を行なっている（写真10 - 2）。

①被覆および温・湿度管理

抑制栽培のビニール被覆は、通年被覆または雪の心配のあるところは2月～3月に被覆し、12月に除去する。

抑制栽培では、春先から被覆してあるので露地栽培より発芽が早く霜害に注意する。晩霜害の予想される日はハウス内に家庭用ストーブ4台／10aを入れて対応する。10月以降に夜温が低下してくると、果面が結露して破線状の汚れ果が発生することがある。湿度上昇を防ぐためビニルマルチを敷設し、さらに果面に触れている葉は摘葉する。

②栽培管理

抑制栽培では樹勢をやや強くすることが重要である。樹勢が弱いと思ったような成熟遅延効果は得られない。樹勢をやや強めに保つようにせん定はやや強めにし、施肥量は露地栽培より多くする。樹の生育状況を見ながら、樹勢のやや弱い樹にはチッソを主体に9月に追肥を行なう。

2 施設の構造と栽培管理

●ハウス構造

①アーチ型ハウス

アーチ型ハウスは、間口が5m程度の連棟のものがよく（写真10 - 3①）、植栽が谷部分になるよう並木植えとする。棟高は3.5m程度、加温栽培を行なう場合は保温効率の向上と、燃料費低減のため二層カーテンを被覆する。また、夏季の高温障害を回避するため、妻部あるいは天井部に大型換気扇を設ける。さらに、自動換気装置をサイド部分と谷部分に設置すると省力化が図れる。

②屋根型ハウス

単棟屋根型ハウスは、平坦部の比較的立地条件のよい園に適しており、間口20m、奥行き50m、軒高2m、棟高4.5m程度が一般的である。屋根型ハウスは換気効率に優れるものの、容積が大きいため加温栽培では二層カーテンを設置する（写真10 - 3②）。

写真 10-3　ハウスの構造
①アーチ型、②屋根型ハウス

●整枝・せん定法

①仕立て・整枝方法

ハウス栽培では、樹高を高くすると天井に近い部分が高温になりやすく、果実の日焼けが発生しやすい。また、樹冠上下で生育差が生じやすい。できるだけ低樹高でコンパクトな樹冠をつくるため、目標樹高は2.5m程度の強制誘引開心形や平棚およびＹ字形などの棚仕立てとする。

②せん定方法

ハウスでは露地に比べて生育初期から気温が高く推移するため、新梢の生育が旺盛になる。そのため、1年枝を残しすぎると過繁茂の原因となる。

また、優良な1年枝はハウス栽培でも変わらず、刀根早生、西条とも長さ10～25cmであるが、40～50cmのやや長めの1年枝が多くなり、これらにも花芽が着生しているので1年枝として残す場合が多くなる。適正な1年枝密度は、平均母枝長を20cmとしてそこから発生する新梢は3～4本、刀根早生の目標ＬＡＩを2.5とすると樹冠1㎡あたり10～12本、西条は目標ＬＡＩを3として1㎡あたり15本程度が基準となる。

側枝は3年程度で更新し、花追いせん定にならないようにする。とくに、最初に長い1年枝を使用した場合は注意が必要である。

●枝梢管理

①誘引・ねん枝・摘心

樹高を低く抑えるため、骨格枝を強制誘引したり平棚栽培を行なっている場合、徒長枝の発生が多くなる。太枝を切除した部分や背面から発生した強勢な新梢は夏季せん定するが、発生位置がよいものについては誘引やねん枝を行ない、翌年の結果母枝確保に努める。

また、露地栽培と比較し2次伸長枝の発生が多く、生育旺盛な新梢では3次伸長も見られる。露地栽培と異なり、2次伸長部分にも花芽の着生が見られるものの、養分浪費の防止や、充実した結果母枝確保のために摘芯を行なう。

ハウス栽培では、果実肥大が旺盛なため結果枝が下垂しやすく、また新梢の節間が長く、個葉面積も大きいため、受光態勢が悪化し、果実品質の低下や花芽の充実不良を招きやすい。そこで、枝つり誘引が必須作業となる。1年枝単位で太枝などに誘引するが、地上2m程度の位置に1m程度の間隔で棚線を張ると便利である。平棚栽培では、棚上50cmに棚線を張り、吊り上げ誘引する。

②摘葉

ハウス内の日射量は、露地の70%程度に低下する。さらに、個葉面積が大きいため果実に覆いかぶさりやすい。果面にあたる日射量が30%以下になると着色が著しく阻害される。また、果面に葉が密着している場合、汚損果発生の原因にもなる。したがって、樹冠下部を中心に摘葉を行ない、光環境を向上させ、果実の着色を促す。

●着果管理

①人工受粉

西村早生、西条では、露地栽培と異なり訪花昆虫がいないため、人工受粉を行なって着果を安定させる。禅寺丸などの受粉樹を10aあたり3樹程度植栽し、開花直後の雄花を採取して花粉を収集する。人工受粉は、花粉を石松子で5倍に希釈して丁寧に行なう。さらに、人工受粉を補うため、ミツバチを10aあたり1群放飼する。

②摘蕾・摘果

露地栽培と同様に、摘蕾と早期摘果で果実肥大を促す。

摘蕾の程度は、母枝先端新梢など勢力の強い新梢では2蕾、20cm以下の新梢では1蕾とするが、生理落果や奇形果の発生により着果不足になるおそれがあるため、過度な制限は避け、短果枝にも1蕾残す。

摘果は、生理落果が終了次第、奇形果、傷害果、小玉果について行なう。しかし、摘果後も日焼けなどの障害を受ける可能性があるため、目標着果数の1~2割程度は余分に残し、随時摘果を行なう。ハウスでは露地栽培より着果期間が長くなるため、この程度の着果量増加は樹勢低下につながらない。逆に着果数が少ないと樹勢が強くなるため、注意が必要である。

●土壌改良・施肥管理、病害虫防除

ハウス栽培では降雨による塩基類の流亡が少ないため、土壌pHがアルカリ性になりやすい。定期的な土壌診断を行ない、pHが6.5を越えた場合は石灰質肥料の施用を控える。

また、ハウス内は温度が高いなど生育環境が好適なため新梢生育が旺盛となり、徒長しやすい。施肥量は露地栽培の70~80%程度とし、樹勢や着果量に応じて増減する。ハウス栽培は増収効果が期待できる反面、着果過多になりやすく、樹勢低下が著しい。計画的な土壌改良を行なって適正樹勢の維持に努める。

病害についてはまず、雨が直接樹体にあたらないので、露地栽培より病気の発生は少ない。ただ、開花期に湿度が高いと枯死花弁に灰色かび病が発生しやすい。害虫は、微小害虫のハダニ類やスリップス類、カイガラムシ類の発生が多くなる。

(以上、倉橋)

実際編

第11章 おもな病害虫と生理障害

主要病害の防除ポイント

1 炭疽病

新梢では黒色の円形病斑が広がってでき、暗褐色の楕円形となってくぼみ、縦に亀裂が入る。果実では黒色の小斑点ができ、やがて円～楕円形の少しくぼんだ病斑になる（写真11－1①）。

おもな発生部位は果実と枝である。伝染源は前年発病した枝の病斑や芽などである。翌年降雨によって濡れると胞子が形成され、胞子は雨水とともに飛散し、新梢や果実に付着して発病する。病斑上で胞子を形成し、飛散することで伝染を繰り返す。感染時期は5月～10月と長く、果実での発病は6月の幼果から見られ、着色期に近づくにつれ感染しやすくなり、発病すると商品性を失う。早期に発病した果実は早く着色し、落果する場合もある。

伝染源である罹病枝をせん定の時に取り除いて処分する。生育期に感染した新梢や果実も取り除き、ほ場の外へ持ち出してから処分する。病原菌は徒長枝に感染しやすいので、チッソ過多にならないようにする。薬剤散布は、5月中旬の新梢伸長期から7月の梅雨期、8月中旬～9月の着色期をとくに注意して実施する。

2 灰色かび病

葉では先端または葉縁部から発病し、灰色から淡褐色となり、輪紋状となる。幼果では、花弁に感染すると、果面に黒色の小点ができる（写真11－1②）。へたでは周辺が褐色から黒色に着色し、落果する場合もある。

発生部位は、葉と果実（幼果）である。病原菌はカキをはじめ、多くの作物に被害を及ぼす。伝染源はカキなどの罹病葉や発病果である。春にカキの若葉へ第1次感染し、発病すると病斑上に胞子を形成して2次感染する。強風などで葉が傷付いた場合や、4月～5月の天候不順の年に大発生することがある。

風で葉が傷付かないように、防風ネットや防風樹を設置する。強風後、葉が傷付いて降雨と低温が続いたときは、治癒効果の高い薬剤を早く散布する。

3 落葉病

落葉病には円星落葉病と角斑落葉病があり、葉で発病する。

①円星落葉病　早い年は8月中旬、通常は9月頃になると葉に円形の黒点ができ、拡大していくと中心が赤褐色、周辺部が黒褐色の円形病斑になる（写真11‐1③）。多発すると激しい早期落葉となり、果実が軟化または落果する。伝染源は前年の罹病落葉である。5月頃になると胞子が飛散し、葉裏の気孔から侵入感染する。潜伏期間は60～120日以上と長い。

②角斑落葉病　7月になると葉に不正形の淡褐色～暗褐色の斑点ができ、拡大していくと葉脈に区切られた多角形または不正形で褐色の病斑となる。伝染源と葉への侵入は円星落葉病と同じであるが、潜伏期間は30日程度と円星落葉病に比較すると短い。また、円星落葉病とは異なり、病斑上で胞子を形成して2次伝染を繰り返す。

いずれも、多発すると被害を抑えるのが難しいので、伝染源である罹病落葉の回収を徹底するとともに、ほ場外へ持ち出して処分する。主要感染時期である5月～7月の防除を徹底し、降雨の多い場合は防除間隔を狭くするとよい。

写真 11‐1　カキの主要な病害
①炭疽病による果実の被害（新秋）、②灰色かび病による果実の被害。先端の花殻で発病すると落花後に跡が残る（富有、永島原図）、③円星落葉病の葉の症状（西条、永島原図）、④秋季、葉に発病したうどんこ病（西条）

❹うどんこ病

夏季発病　5月~6月の葉裏では、表面に黒色円形の小斑点ができる。これが集まると、墨を薄く塗ったようになる。

秋季発病　8月下旬になると葉裏で白色粉状ができ、葉全体に広がる（写真11-1④）。この中に黄~黒褐色の小斑点ができる。

　発病すると光合成が阻害されるため、樹勢低下や果実品質低下につながる。

　伝染源は枝や主幹部に付着して越冬した病原菌である。春季に形成された胞子が風によって運ばれ、気孔から侵入して発病する。発病後まもなく、病斑の裏側に胞子が形成されて伝染が繰り返される。病原菌は15~25℃のやや低い温度を好み、6月~7月と8月下旬に発病が増える。

　4月~6月にかけて丁寧な農薬散布を行ない、春季発病を抑制することが大切である。また、樹の縮間伐を行ない、ほ場の通風や採光性をよくしておく。

主要害虫の防除ポイント

❶カキノヘタムシガ（カキミガ）

　6月~7月および8月~9月に幼虫がへたから果実内に侵入し、被害を受けた果実は落果する。樹上に残ったへたに小さな穴とふんが見られる（写真11-2①）。

　幼虫は粗皮で越冬し、4月に蛹、5月に成虫（第1世代）となって新芽周辺に産卵する。孵化した幼虫が6月頃幼果に食入した後、7月中下旬に第2世代の成虫が産卵し、8月上旬に幼虫がふたたび果実に食入する。9月になると幼虫は粗皮へ移動して越冬する。

　粗皮下で越冬するため、冬季の粗皮削りが有効である。バークストリッパーなどを用いることで、ほかの樹幹害虫も同時に防除できる。薬剤散布は、6月上中旬と8月中旬に新芽周辺を加害している幼虫を狙って行なうとよい。富有では、開花盛期の10日後に薬剤散布することで第1世代幼虫に高い防除効果があることがわかっている。

❷カメムシ類

　カキを加害するカメムシ類は、おもにチャバネアオカメムシ、クサギカメムシ、ツヤアオカメムシ、アオクサカメムシの4種である。7月~8月に加害された果実は落果し、9月以降の加害果実は吸汁部が凹み（写真11-2②）、果肉がスポンジ状となるため、商品価値がなくなる。

　いずれのカメムシも成虫で越冬する。4月~10月にかけて年1~3回発生し、山林のスギやヒノキなどの球果をエサとするが、エサが少ないと果樹園に飛来してくる。7月までは越冬成虫、8月以降は当年に生まれた成虫が被害を及ぼす。8月以降の発生数は年次変動が激しい。

　関係機関の発生予察情報に注意しながら農薬散布を行なう。とくに発生の多い年は、7月以降に追加防除が必要となる。また、園地周辺にある寄主植物（スギ、ヒノキなど）も同時防除すると効果が高い。

3 カイガラムシ類

カキを加害するカイガラムシ類はおもにフジコナカイガラムシ、オオワタカイガラムシ、マツモトコナカイガラムシ、クワシロカイガラムシである。そのなかでフジコナカイガラムシはもっとも大きな被害を与える。ここでは、フジコナカイガラムシについておもに記載する。

葉、新梢、果実、粗皮下などを加害するが、おもな被害は排泄物（甘露）に発生するすす病である。へた部を中心に黒くなり、果実の商品価値が大きく低下する（写真11-2③）。また、果実の着色不良や葉の早期落葉にもつながる。

幼虫または成虫で樹皮下に潜んで越冬する。越冬幼虫は新芽を加害した後、葉の裏、へた、果実周辺に移動する。発生は年2回で、第1世代は6月上中旬に発生するが、第2世代以降は判別が困難になる。

粗皮の下、太枝の切り口、雄花の跡などに隠れて越冬するため、バークストリッパーなどによる粗皮削りやせん定による枝の除去などを行なう。越冬幼虫の移動期（4月中旬）、第1世代

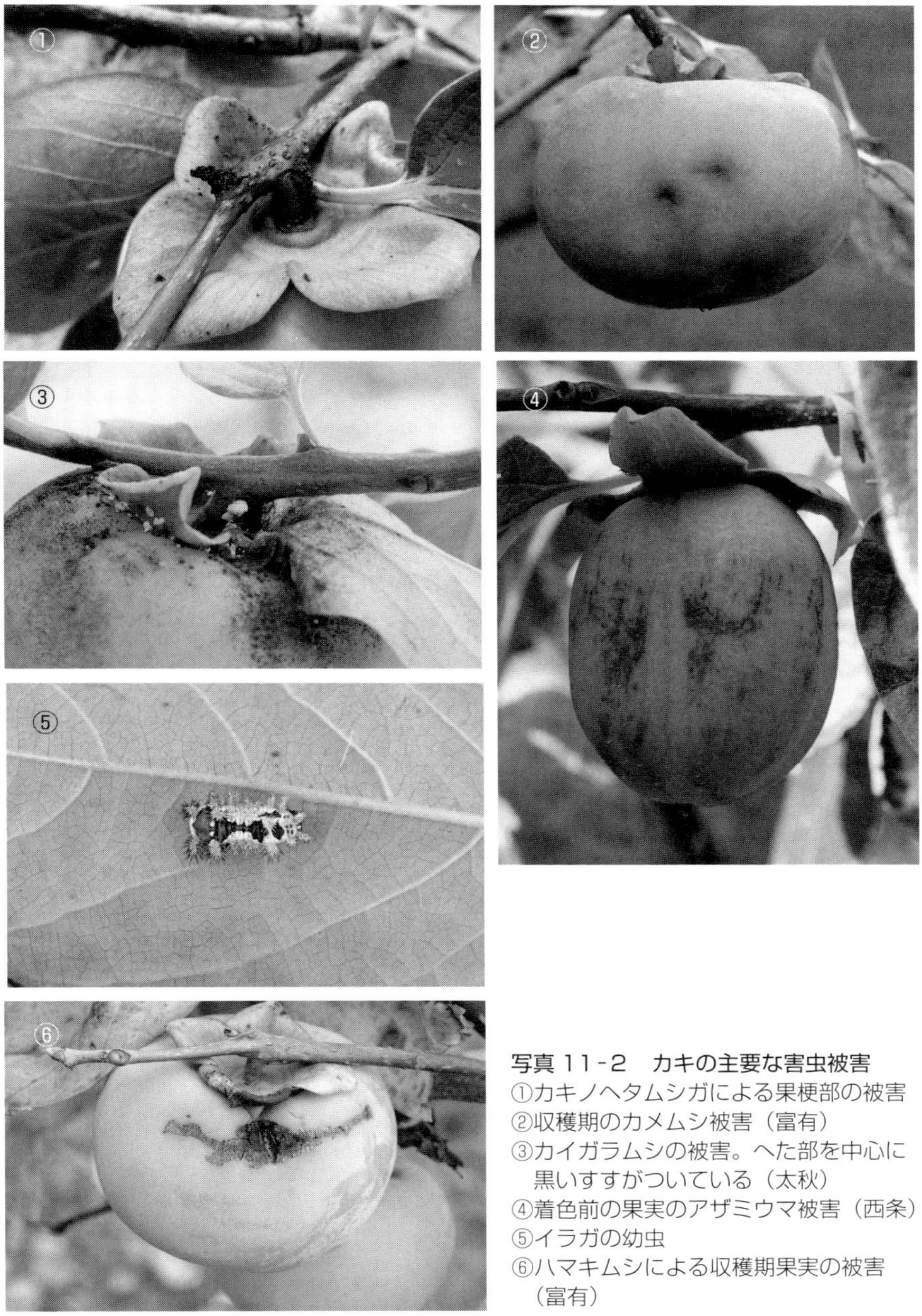

写真11-2　カキの主要な害虫被害
①カキノヘタムシガによる果梗部の被害
②収穫期のカメムシ被害（富有）
③カイガラムシの被害。へた部を中心に黒いすすがついている（太秋）
④着色前の果実のアザミウマ被害（西条）
⑤イラガの幼虫
⑥ハマキムシによる収穫期果実の被害（富有）

幼虫の発生期（6月下〜7月上旬）、第2世代幼虫発生期（8月上〜中旬）に丁寧な薬剤散布を行なう。関係機関が発表する発生予察情報も参考にするとよい。幼虫がへた下に入ってしまう8月以降は防除効果が低くなるので、7月までの防除がポイントとなる。

ロウムシ類（ツノロウムシ、カメノコロウムシなど）もカイガラムシ類と同じようにすす病の原因となるほか、吸汁による樹勢低下も見られる。

4 アザミウマ（スリップス）類

カキを加害するアザミウマ類はチャノキイロアザミウマとカキクダアザミウマである。

①チャノキイロアザミウマ　葉、新梢、果実を加害するが、果実での被害が問題となる。吸汁された果面の加害部位は、薄くコルク化して褐色〜黒褐色となり、商品性が低下する。被害は、平核無や西条など果皮の薄い品種で多く、富有などでは少ない傾向がみられる。10月中下旬まで吸汁を繰り返すので、帯状、縞状の被害痕となる（写真11－2④）。

成虫、蛹で粗皮や奇主植物で越冬する。4月〜10月にかけて年間10回程度発生する。

②カキクダアザミウマ　葉と果実を加害する。葉の被害は4月下旬〜5月上旬に見られ、若葉が表面を内側にして巻く。果実の被害は落花直後にへた近くの褐色点として見られ、成熟果では赤褐色〜黒褐色の斑点として残る。

成虫がカキやヒノキなどの粗皮内で越冬し、4月〜6月にかけて年1回発生する。越冬成虫は被害巻き葉の中に産卵し、孵化した幼虫と新成虫が果実を加害する。

越冬場所の粗皮削りが有効である。チャノキイロアザミウマは開花直前と落花後の7月上旬、カキクダアザミウマは成虫が飛来した直後と5月下旬〜6月下旬が薬剤散布適期である。

5 イラガ類

カキを加害するイラガ類は、イラガ、ヒロヘリアオイラガ、ヒメクロイラガなどである。

葉を食害し、幼虫は若齢のとき、葉裏に寄生して表皮だけを残すが、成長すると葉脈や葉柄だけが残る。幼虫の体には毒をもったトゲがあり、刺されると激しく痛む（写真11－2⑤）。

繭の中で、前蛹（蛹になる直前の幼虫）で越冬する。6月〜7月と8月中旬〜9月の年2回発生する。

防除は、冬季に繭をつぶしておく。若齢幼虫が集団で食害している部分は葉を摘み取り、処分する。薬剤散布は6月と8月中〜下旬に行なうとよい。

6 ハマキムシ類

カキを加害するのは、おもにチャノコカクモンハマキ、チャハマキ、ウスコカクモンハマキである。

幼虫が葉や果実を加害する。葉では、展葉期の葉や成葉がつづられて食害される。果実では、へたと果実の隙間や葉と果実が接触した部分に幼虫が入り、食害する（写真11‐2⑥）。

また、加害部がコルク化したり、奇形果となる。落果することはないが商品性は大きく低下する。

幼虫が樹皮下や太枝の切り口、茶などの常緑果樹や落葉の中で越冬する。4月中旬～6月上旬、6月中旬～7月下旬、7月下旬～9月上旬、9月上旬～10月下旬の年4回発生する。

巻き込まれた葉やへたの下に幼虫が入り込むと薬剤の効果が劣るので、発生初期の防除を徹底する。とくに展葉期や梅雨期の防除が遅れると、被害が大きくなる。また、ハマキコンによる交信攪乱も有効であるが、地域全体で取り組む必要がある。ほ場近くに茶があると多発するので植栽を控える。

写真 11-3　樹幹害虫の被害と粗皮削り
①ヒメコスカシバによる新梢基部の被害。環状に加害される、②接ぎ木部のフタモンマダラメイガ、③台木部のヒメコスカシバ。羽化するとき蛹は樹から半分飛び出す、④バークストリッパーによる粗皮削り

7 樹幹害虫

カキを加害するのは、ヒメコスカシバ、フタモンマダラメイガ（カキノマダラメイガ）である。

幼虫が樹下を食害し、虫ふんを外に出しながら食入し続ける。ヒメコスカシバは新梢や細い枝の基部を環状に加害することが多く（写真11-3①）、新梢や果実の生育が悪化する。フタモンマダラメイガは主幹部や太枝など粗皮が厚い部分を加害する。高接ぎ部の被害も多く見られる（写真11-3②）。

ヒメコスカシバは幼虫が粗皮の中で越冬する。5月中旬～6月下旬、7月下旬の年2回発生し、成虫は枝の分岐部や主枝の粗皮間隙に産卵する。幼虫は白色で食害後に中で蛹になり、羽化するときに蛹は樹から半分飛び出す（写真11-3③）。

フタモンマダラメイガは幼虫が粗皮下で薄い繭をつくり、その中で越冬する。4月中旬～5月上旬、6月中下旬、8月中旬～9月下旬の年3回発生する。幼虫は淡褐色で、羽化時の蛹殻はヒメコスカシバとは異なり、粗皮内に残る。

主幹部、主枝や亜主枝の分岐部などの粗皮削りなどを行ない（写真11-3④）、幼虫を捕殺する。ヒメコスカシバは交信撹乱材（スカシバコン）も有効であるが、ハマキコンと同様、地域で取り組む必要がある。

おもな生理障害とその対策

1 へたすき果
――コンスタントな果実肥大に

果実が成熟期に近づき、果実基部のへたと果肉部の結合部で一部分に偏った隙間が発生する現象（写真11-4）。重症の場合、大きな亀裂となって果実の外観を損ねるとともに、軟化が発生する。また、収穫後はへたすき部分から軟化していくため、日持ち性が短くなる。へたすき果は完全甘ガキに特異的に多く発生し、大果になるほど発生しやすい。

へたの生長は7月中下旬に停止して最終の大きさになるのに対して、果実の生長は収穫期まで続き、その生長の不均衡が発生の原因と考えられている。また、発生には品種間差および年次変動がある（表11-1）。

図11-1の2015年の降水量推移のように、9月～10月上旬にかけて多く、その後極端に少なくなる場合に、へたすきの発生も多くなる。マルチ、灌水、敷き草など土壌水分の急激な変化を防ぐ対応を行な

写真 11-4　へたすきの果実（松本早生富有）

表 11-1　甘ガキ品種におけるへたすき発生程度の年次変動
（福岡県農林業総合試験場、2011 ～ 2015 年）

品種名	年次				
	2011	2012	2013	2014	2015
西村早生	0.0	0.1	0.0	0.1	0.0
伊豆	1.4	1.1	1.0	1.9	1.8
松本早生富有	0.7	0.5	0.1	0.8	1.2
富有	0.5	0.3	0.4	0.3	1.7

へたすき程度は 0：なし、1：微、2：少、3：多、で判定

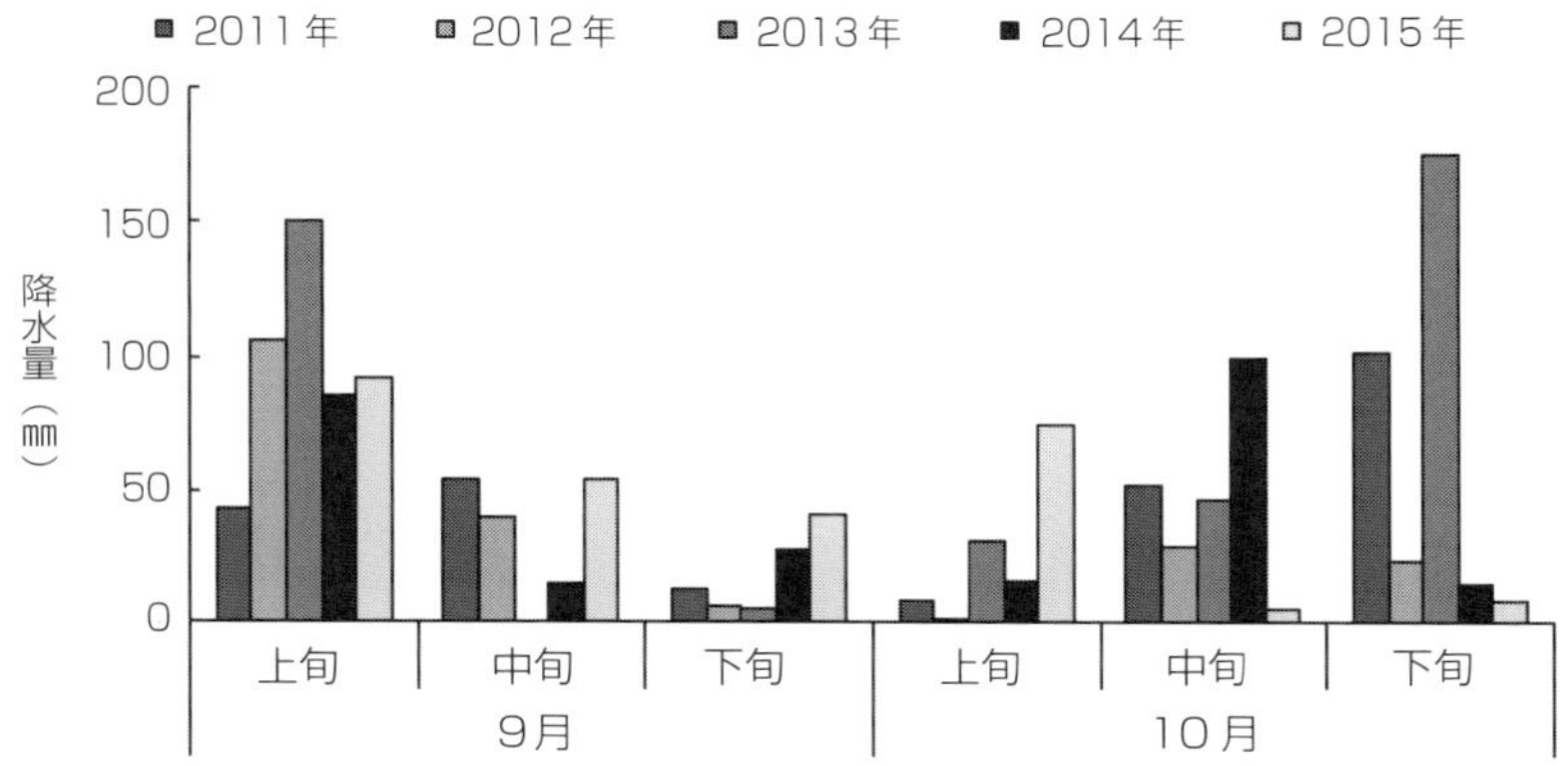

図 11-1　福岡県太宰府市における降水量の推移

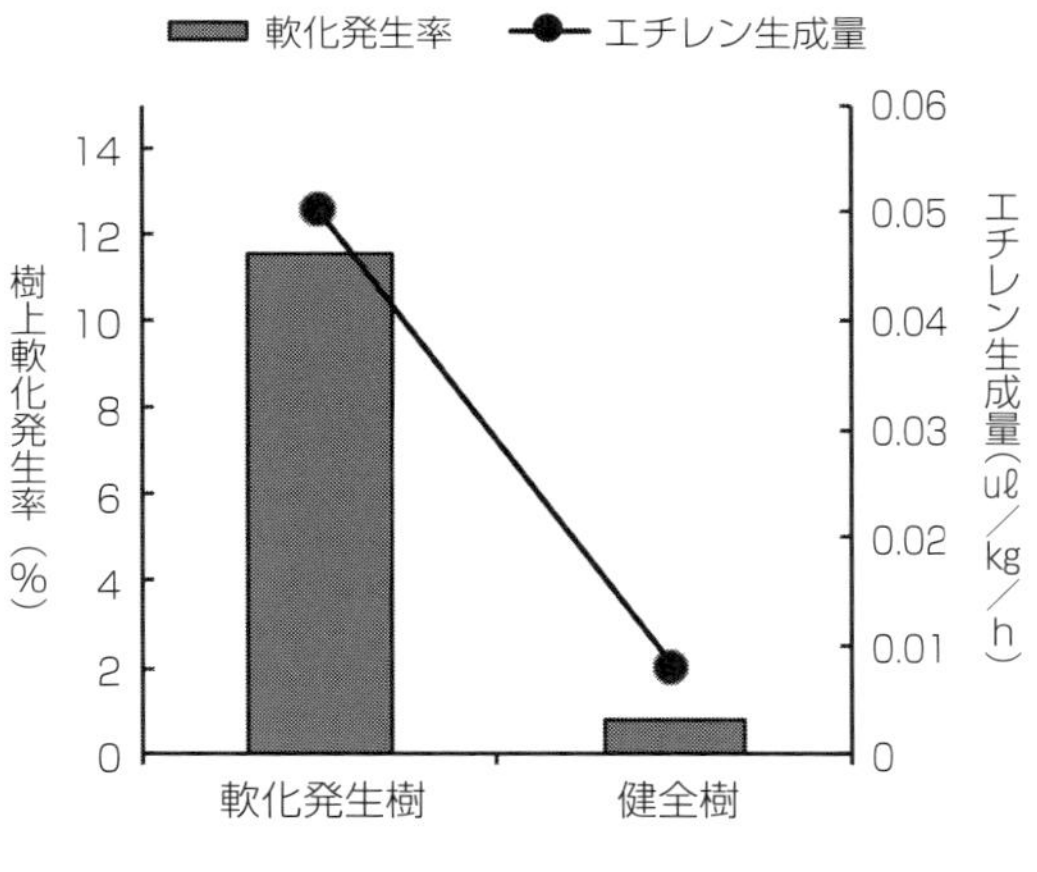

図 11-2
西条における樹上軟化発生率とエチレン生成量の関係
（島根県農業試験場、1995 年）

い、果実肥大を順調に進めさせることで、へたすきの発生が軽減されると考えられる。

さらに、へたの大きな果実はへたすきが少ないことから、へたの大きな果実をつくることも効果的である。そのためには、前年の7月~8月の花芽分化期や収穫後の管理を徹底的に行なって貯蔵養分を十分に確保するとともに、摘蕾や摘果でへたの大きなものを選ぶとよい。

❷ 果実軟化──エチレンの制御を

西村早生、伊豆、西条、太秋、富有などは、収穫前や収穫期間中に果実が未熟のまま着色が異常に進み、樹上で軟化することがある。樹上軟化した果実は果皮が軟らかく、収穫中または収穫後に破れて水分の多い果肉が出てくる。そのため他の果実が汚れたり、収穫作業に支障をきたす。

樹上軟化の原因として一つは、落葉病な

どによる早期落葉、強風やカキノヘタムシガなどによる直接傷害、もう一つは、気象・土壌・樹体条件などのストレスによる果実内エチレン生成量の増加とされている（図11-2）。

生育前半の5月〜6月が少雨、梅雨明け後の8月が高温乾燥、9月〜10月に長雨の年や、降水量の変動が激しい年、また排水が悪く、地下水位の高い水田転換園などで樹上軟化は多くなる。なお軟化の多い樹は樹勢が弱く、葉色も薄い。

とくに土壌の乾湿の繰り返しは根を弱らせ、長雨や強風のストレスが果実内のエチレン生成量を増やす。また、西条における樹上軟化発生樹は、葉および果肉中のマンガン含量が少なく、土壌の乾燥とアルカリ化が関与していると考えられる。

対策としては、夏季の定期的な灌水、明きょや暗きょによる排水対策、ネットや防風樹による風対策が有効である。灌水施設のないほ場では、敷き草などによる土壌水分の保持を心がける。

3 果面障害――通風、湿度管理を

おもな果面障害には果頂裂果と汚損果がある。

①果頂裂果

果頂裂果は、9月下旬から収穫期までの最終肥大期に果頂部に亀裂を生じる現象で、重症の場合、裂開した部分から腐敗が生じる。発生には品種間差があり、次郎や御所系は多く、富有や太秋（写真11-5）はやや多い。また、種子数が少ないほど果頂裂果の割合は少なく、無核化は有効な対策の一つである。次郎では単為結果性を強くするために摘蕾を行ない、太秋では主幹形整枝交互結実栽培法を導入することで種なし果を生産でき、果頂裂果の発生を抑制できる。

太秋は、単為結果力が比較的強いことから人工受粉や受粉樹の混植などの必要がない。しかし、太秋は雄花が着生しやすいことから収量を安定させるためには雌花が着生する強く充実した結果母枝を育成しなければならない。主幹形交互結実栽培では結実年と遊休年を交互に繰り返すため、強い切り返しせん定を行なう。すると、遊休年（未着果年）に充実した結果母枝を育成でき、2年に1回雌花が安定的に確保できる。

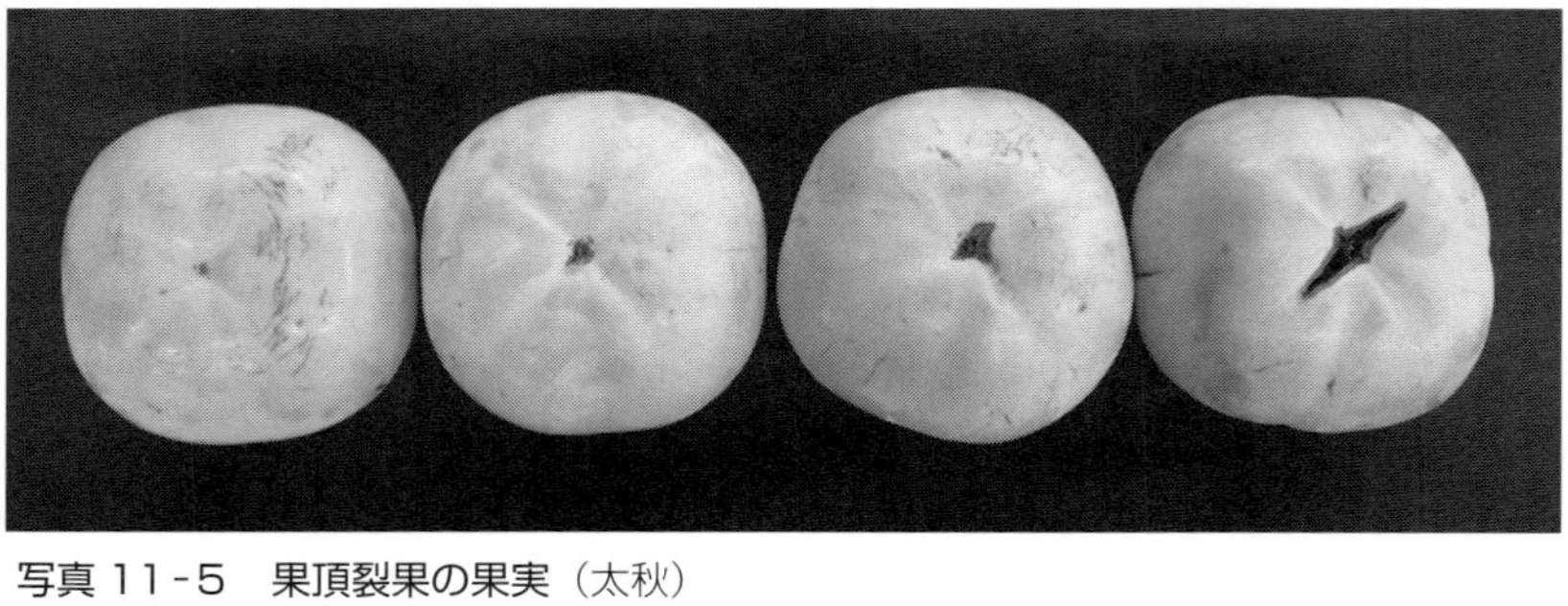

写真11-5　果頂裂果の果実（太秋）
右ほど被害が大きい

冬季せん定も簡単になり、受粉も省略できる栽培方法といえる。

②汚損果

カキは収穫期近くになると、果皮（果面）が黒変することがある。病害虫による被害とは異なり汚損果と呼ばれる。汚損果はその状態から破線状、雲形状、黒点状などと呼ばれ、単独もしくは併発する。外観を損ねるだけでなく、重傷の場合は、発生した亀裂から腐敗が生じる場合もある（図11-3、写真11-6）。

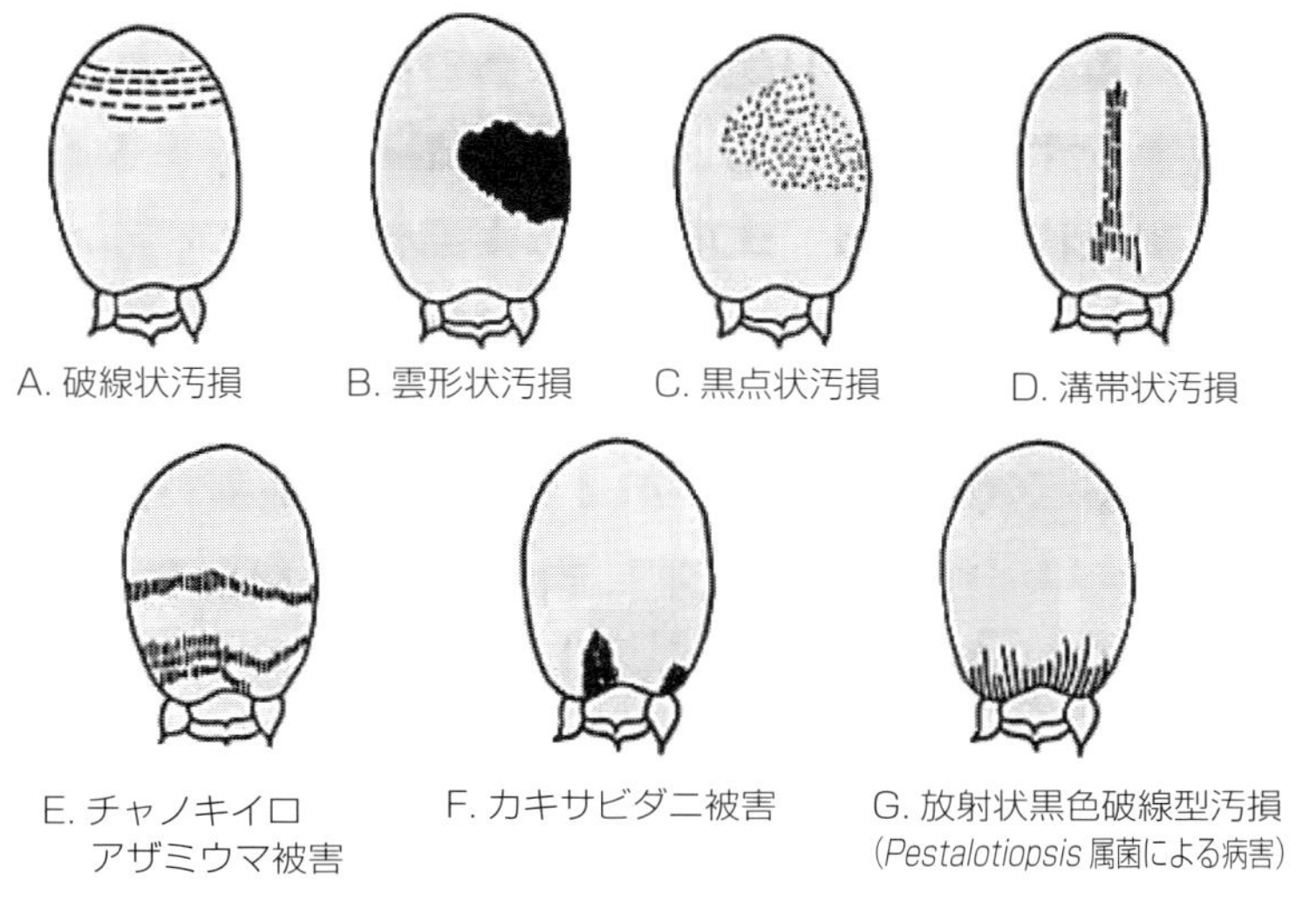

図 11-3　西条の汚損果と果面障害（森山らの原図に一部加筆）

破線状汚損　9月下旬から発生が見られる。果頂部から果底部にかけて不規則に微細な亀裂が入り、その一部が黒変する。汚損果のなかではもっとも発生が多く、汚損程度も激しい。

雲形状汚損　破線状と同時期か少し遅れて発生する。果頂部から赤道部にかけて不整形のうす墨を塗ったような黒変となる。

写真 11-6
カキの汚損果、果面障害
①溝帯状汚損（西条）、②雲形状汚損（太雅）、③条紋（太秋）

黒点状汚損　6月下旬の梅雨期から成熟期に発生する。果頂部から赤道部、または果底部にかけて直径1～3㎜の黒点が散在または集合する。

条紋　果頂部を中心に微少な亀裂が同心円状に出現して、一部は黒変する。その発生が著しい場合には条紋部位から軟化を生じる。

汚損果発生のおもな要因は、日照不足、園

内の高湿度、長期間の結露である。日照不足や霧の発生しやすい場所は、果面に水滴が付着する時間が多く、汚損果が出やすくなる。そうした場所への植え付けは控える。また、草生管理のほ場は樹冠下部を中心に果面周辺の湿度が高くなりやすく、葉などが果実に触れた部分で水滴がたまったり結露したりする。

これらの対策として、暴風樹の刈り込みや草刈りなどを行なって園内の風通しをよくするとともに、樹冠全体に太陽光があたるように新梢管理や夏季せん定を行なう。着色期からは葉のスレや結露が少なくなるように摘葉を行なう必要もある。また、反射マルチによって地上部からの蒸散を抑制して、園内の湿度を下げるのも有効である。条紋の発生しやすい太秋では袋かけによる汚損防止も行なわれている。

4 日焼け果
着果位置・方向に注意を

梅雨明けから夏季にかけて果実が直射日光を受けると、果皮と果肉細胞の一部が壊死して黄変する。その後、黄変部は褐変または黒変する。このような果実は日焼け果と呼ばれ、被害部分は肥大が進まず、奇形果となる場合もある（写真11-7）。

直射日光のあたっている部分は40℃以上にもなり、一時的な強い照射によって日焼け果は発生する。樹冠周辺部や西日のあたる部分は、直接太陽光が照射されるため、被害果の発生が多い。また、水分ストレスなどを受けていると、気孔が閉じてしまい蒸散が抑えられるため、樹体温度が上昇しやすく、発生を助長する。

対策は、果実に直接日光があたらないようにすることが基本である。摘蕾や摘果時に上向きとなるような果実を除き、横向き（北向き）～下向きの果実を残す。また果実周辺に葉が少ないときは、果実の上位部が新梢の下になるように誘引したり、夏季せん定をややゆるくしたりして果実に日陰をつくってやるとよい。水分ストレスを与えないように定期的な灌水も有効である。

（以上、大畑）

写真 11-7
収穫期の日焼け果（西条）
矢印

実際編

第12章 カキ果実の加工

カキはおもに生食用として出荷されるが、一部の渋ガキは干し柿に加工され、小玉果や傷果などの規格外品が加工用原料として利用されてきた。近年は加工品のバリエーションが増えるとともに加工適性の高い品種や系統の栽培が行なわれている。そして、カキのカットフルーツ、ドライ・セミドライフルーツ、ジュース、ピューレ、粉末などは加工品や業務用としてニーズがあり、今後の消費拡大が期待できる。

また、カキは食用としてだけではなく、果実は柿渋など、葉は柿の葉寿司や日本料理の彩りなど、へたは薬用、主幹部は家具などにも使われている。

1 干し柿・あんぽ柿

収穫後すぐに食べることのできない渋ガキは、皮をむいて乾燥させることで渋を抜くことができ、古くから冬の保存食として利用されてきた。そして、「和菓子の甘さは干し柿をもって最上とする」といわれるとおり、干し柿は高級和菓子としても扱われてきた。

干し柿は大きく分けて2つのタイプがあり、水分含量の少ない干し柿（ころ柿）と半生タイプのあんぽ柿が製造されている。

干し柿における脱渋のしくみは、皮をむくと果実表面に膜がつくられて細胞が呼吸できなくなることで果実内にアルコールが発生し、これがアセトアルデヒドに変化し、水溶性タンニンと縮合して不溶性タンニンになる。

また、干し柿になる途中で果肉が軟らかくなると、果肉中に増えた水溶性ペクチンが可溶性タンニンと結合して複合体をつくることで脱渋が促進される（97ページ、図8-2参照）。

干し柿の原料には、市田柿、甲州百目、紅柿、堂上蜂屋、三社、最勝などの専用品種、刀根早生、平核無、西条などの生食用品種が用いられる。干し柿の形は品種によって異なるが、やや小さい果実が用いられることが多い。

●人工乾燥のあんぽ柿

あんぽ柿は、渋ガキを水分が40～50％になるまで乾燥させた半生タイプの干し柿である。水分が多いため、ぽってりとしており、とろりとした食感が特徴で、外観は黄色から橙色を呈する。乾燥前に行なう硫黄燻蒸の有無は産地によって異なるが、硫黄燻蒸した場合は鮮やかな色を保つと同時に酸化防止効果がある。

項目	内容・留意点
選果・軽量 	●大きさごとに分ける。 ○未熟・軟化・障害果などを取り除く。
皮むき   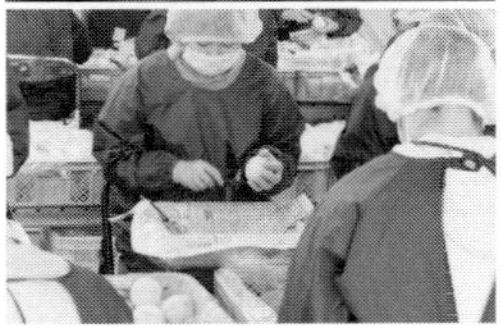	●機械または手作業で皮をむく。 ○へたをへた取りで取り除く。 ○溝のない品種（平核無など）は機械で皮がむける。 ○溝のある品種（西条など）は溝部分の皮も包丁などで取り除く。
トレイ配置 	●乾燥機用のトレイに丁寧に並べる。 ○果実表面の汚れや皮残りを確認する。
機械乾燥  	●専用の棚式乾燥機で乾燥させる。 ○乾燥の目安は歩留まり 40%。 ○機械内の温湿度や乾燥の様子を確認する。 ○乾燥期間は品種によって異なり、4～7日程度。
仕上げ 	●製品の仕上げ、パック詰めをする。 ○製品の調整や品質確認をする。 ○脱酸素剤などとともにパック詰めをする。 ○内容量・表示、異物混入やシール表示の不備などを確認する。

図 12-1　あんぽ柿製造のおもな過程

注）西条果実を用いた機械乾燥で、硫黄燻蒸はしない場合
　　衛生管理（手や皮むき機、乾燥機などの消毒、施設のそうじなど）は徹底して行なう

乾燥は雨のあたらない、風通しのよい場所（専用のカキ小屋など）で行ない、20～30日を要する。一方、専用の乾燥機を用いると果実の大きさや品種によって異なるが、4～7日であんぽ柿は完成する（図12-1）。乾燥中のロスも少なく、計画出荷や大量生産が可能であるため、主要産地では機械乾燥が進んでいる。

●完全天日干しのころ柿

ころ柿は渋ガキを水分が20～30％程度になるまで乾燥させた干し柿である。古来、冬の保存食として活用され、表面が乾燥して白い粉をふいているのが特徴である。白い粉は、果実の中から染み出した水分に含まれるブドウ糖が結晶化したものである。

果実は枝をつけたまま収穫し、へた部分を取り除いてから皮をむく。枝とへたのT字型部分にひも（専用ひもやビニールひもなど）を結びつけて連をつくり、専用カキ小屋などの、雨を避けられ通風のよい場所で1カ月程度乾燥させる（写真12-1）。直射日光で急激に乾燥しすぎると、表面だけが固くなるため、直射日光を避けてじっくり乾燥させる。

製造方法は産地ごとで若干異なり、硫黄燻蒸により柿色を維持したり、天日干しによる荒干し乾燥と補助乾燥などを繰り返したりする。ころ柿のできは、皮むき後1週間くらいの天候に左右されやすく、降雨で湿度が過度に高いとカビが発生する。カキ小屋の中に湿度が入らないように、また湿気が溜まらないように対策をとる。

近年は、ころ柿生産において時間や労力、干し場の確保などの課題が多い乾燥工程の機械化が進められ、市田柿のように天日乾燥品と機械乾燥品が共存するケースも出ている。

写真12-1
干し柿（ころ柿）専用小屋（上）と連を吊るした様子（島根県松江市東出雲町畑地区）

●加工用原料果の品質と貯蔵

加工用原料果の品質は、優れた干し柿やあんぽ柿の品質に大きく影響するとともに貯蔵性を左右する。加工時に果皮はむくので果面の汚れ（汚損果、日焼け果、スリップス被害果など）は問題とならないが、軟果、未熟果、過熟果、発酵果、カメムシ被害果、打ち傷果、病害果などは加工製品の

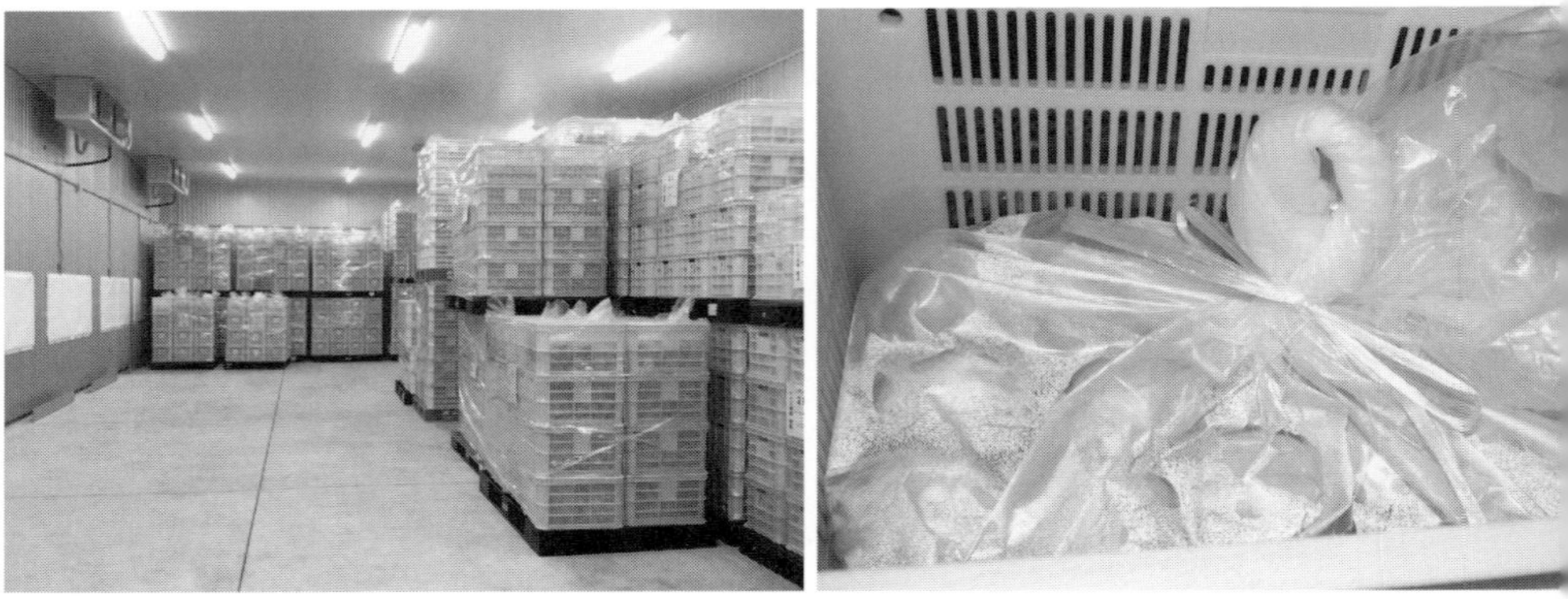

写真 12-2　加工原料果の大型冷蔵施設（左）と冷蔵貯蔵しているカキ（右）
右の貯蔵用袋の口はきっちり結ばれている

品質を低下させるため廃棄する。

加工用原料果の収穫時期は限られるため、すぐに加工できない場合は低温で貯蔵する（写真12-2左）。

収穫後の過度な水分ストレスや急激な温度変化は、貯蔵中の軟化を助長するため、収穫した原料果は、収穫コンテナ全体をビニールシートで覆って乾燥を防ぐ。原料果が濡れている場合は水滴が消えてから、果実温度が高い場合は下がってから乾燥防止処理を行なう。

冷蔵貯蔵する際には、収穫コンテナにポリエチレン製袋（モミガラ袋などやや厚めがよい）を入れ、その中に果実を丁寧に入れる。選別を丁寧に行なって傷害果や軟果などが混入しないようにし、自重で果実がつぶれないよう、入れすぎには注意する。そして、冷蔵貯蔵中の乾燥による水分ストレスを抑制するため袋の口は絞り（写真12-2右）、外気が入らないようにする。貯蔵温度は0～5℃が適するが、原料果に冷気が直接あたって凍傷を受けないように注意する。また、原料果の貯蔵期間には年次変動があることがわかっている。西条では、収穫前の9月下旬から10月上旬に降水量が極端に多い場合や少ない場合に、樹と果実にストレスがかかり、貯蔵性が低くなると考えられる。

2 カキを原料とした健康食品の開発

●カキタンニンを利用したドリンク、粉末

カキは酔い覚ましや悪酔い防止効果があるといわれてきた。カキに含まれるポリフェノール（カキタンニン）が人間の消化管の中でタンパク質などと結合して皮膜を形成する。これでアルコールの吸収が阻害され、血液中のアルコール濃度が低下すると考えられている。つまり、カキをあらかじめ食べておくと悪酔いしない。

摘果した渋ガキの幼果に含まれるカキタンニンを抽出し、調整したドリンク（清涼飲料水）や、幼果を粉末にし顆粒化した商品が販売されている。

●柿葉茶

柿葉は抗菌作用、抗アレルギー作用、育毛作用などの機能性が高く、ビタミンCも豊富に含まれている。柿葉茶を製造するに

カキの栄養と効能

「柿が赤くなれば医者は青くなる」「柿の季節は医者いらず」といわれるように、カキは栄養価が高く、機能性成分が多く含まれている。ビタミンCは甘ガキ、脱渋ガキで多く含まれ、コラーゲンの合成、風邪の予防、抗酸化作用が期待される。いずれにも含まれるβ-クリプトキサンチンは、肝機能障害、骨粗しょう症、動脈硬化などの生活習慣病に効果がある。食物繊維は干し柿に多く含まれ、血糖値抑制やナトリウム吸収抑制が期待される。

カキに含まれるポリフェノール（カキタンニン）は、抗菌・抗ウイルス作用、ガン細胞活性化抑制、高血圧・脳卒中の予防、二日酔い原因物質の排出、血中コレステロールの低下などの効果がある。

さらに、摘果時に廃棄される幼果や収穫の難しい熟柿、葉にも有効な成分が多く含まれており、健康食品として利用されている。

は、これら機能性やビタミンC含量を損なわない製造法が求められる。たとえば西条を原料葉とした柿葉茶の製造では、6月中旬に収穫した葉（新梢長44cm以上）を、10分間の蒸熱処理と機械乾燥を組み合わせるとよいことがわかっている。

●渋ガキも柿ピューレ、ペーストに

カキの1次加工品であるピューレやペーストは冷凍保存できる大きな特徴があり、焼き菓子、パン、ケーキ、プリン、和菓子などの加工品に利用される。また、渋ガキは脱渋後に加熱すると「渋戻り」がおきることがあるため、1次加工用原料には甘ガキが多く用いられてきた。しかし、渋ガキでも加熱後に渋戻りしにくいピューレやペーストの製造方法が近年、開発されている。

庄内柿（平核無）　へたを取り除いた果実（果皮を含む）にフィブロインタンパク、ゼラチン、デキストリン、アスコルビン酸を加えて粉砕し、加熱殺菌する。鮮やかなオレンジ色や機能性成分を保持したペーストとなる。

製造されたペーストはＧＡＢＡ、シトルリン、カロテノイド（β-クリプトキサンチンなど）を多く含む。

西条　脱渋ガキにキトサン（カニ殻から製造）を0.1～１％添加することで、加熱による渋戻りが抑制できる。さらに、アスコルビン酸ナトリウムをキトサンに対して0.5～1.5倍量添加することで加熱時の色調変化も抑制できる。

熟柿果実から外果皮（皮部分）を取り除き、中果皮（果肉部分）と内果皮（種子の周り）を分離する。内果皮から種子を取り除いたあと、中果皮と混合してミキサーなどで粉砕すると熟柿ピューレができる。熟柿は果実を１００ｐｐｍのエチレンで20℃・48時間処理後、20℃で４日間熟柿化処理を行なって人工的につくることができる。

未脱渋ガキペーストは豆乳を混和することで脱渋し、牛乳、ゲル化剤などを混合後、80℃で30分の加熱殺菌をすることで渋戻りしないカキペースト洋菓子ができる。

（以上、大畑）

殺菌剤			殺虫剤			散布量
薬剤名	FRAC コード	倍率	薬剤名	IRAC コード	倍率	(10a あたり)
ホーマイコート	M3 1	50				500ℓ
			スミチオン水和剤 40	1B	1200	500ℓ
オンリーワンフロアブル	3	2000	トクチオン水和剤	1B	800	500ℓ
			スカシバコン			100 本
フロンサイド SC	29	2000	モスピラン顆粒水和剤	4A	4000	500ℓ
			スプラサイド水和剤	1B	1500	500ℓ
ゲッター水和剤	10 1	1200	フェニックスフロアブル	28	4000	500ℓ
デランフロアブル	M9	2000	モスピラン顆粒水和剤	4A	4000	500ℓ
オーソサイド水和剤	M4	1000				500ℓ
ラビライト水和剤	1 M3	800	オルトラン水和剤	1B	1500	500ℓ
			スタークル顆粒水和剤	4A	2000	500ℓ
			モスピラン顆粒水和剤	4A	4000	500ℓ
スコア顆粒水和剤	3	3000	MR. ジョーカー水和剤	3A	2000	500ℓ
フリントフロアブル 25	11	3000	サムコルフロアブル 10	28	5000	500ℓ

カキ 病害虫防除の例

時期			主要作業	おもな対象病害虫
月		生育		
1～2月		休眠期	せん定 粗皮削り（バークストリッパー）	炭疽病 カキノヘタムシガ、カイガラムシ類 ヒメコスカシバ、フタモンマダラメイガ、カキクダアザミウマなどの越冬害虫
3月	上	発芽前	基肥	
	中	萌芽期		
	下	発芽期	防霜・鳥害対策	
4月	上		芽かき	ケムシ類
	中	展葉期		アザミウマ類、カイガラムシ類 灰色かび病、落葉病、炭疽病、うどんこ病 ヒメコスカシバ
	下			
5月	上	着蕾期	摘蕾	アザミウマ類、カイガラムシ類、カキノヘタムシガ、ハマキムシ類 灰色かび病、落葉病、炭疽病
	中		摘蕾	
	下	開花期	摘蕾・ミツバチ搬入	
6月	上	開花期		
	中	生理落果前期	ミツバチ搬出	カキノヘタムシガ、カキクダアザミウマ、チャノキイロアザミウマ 落葉病、炭疽病
	下			フジコナカイガラムシ、カキノヘタムシガ、カキクダアザミウマ、イラガ類 落葉病、炭疽病
7月	上			カメムシ類、フジコナカイガラムシ幼虫、カキクダアザミウマ 落葉病、うどんこ病、炭疽病
	中	生理落果終期	摘果	
	下			
8月	上		夏季せん定、枝つり	ハマキムシ類、カキクダアザミウマ、カキノヘタムシガ
	中		夏季せん定、枝つり	カイガラムシ類
	下		夏季せん定、枝つり	カキノヘタムシガ、カメムシ類、アザミウマ類 うどんこ病、炭疽病
9月	上			カキノヘタムシガ、イラガ類、カメムシ類 うどんこ病、炭疽病
	中		電気牧柵設置（獣害対策） 爆音機設置（鳥害対策）	
	下		礼肥	
10月	上 中 下	収穫期（早生） 収穫期（中生）	収穫 収穫 収穫	
11月	上 中 下	 収穫期（晩生） 落葉期	収穫 収穫 収穫	
12月	上 中 下		電気牧柵・爆音機撤去 せん定	

2016年の島根県農業技術センター果樹科の品種比較試験ほ場における農薬散布実績となります。

FRACコードおよびIRACコードはそれぞれ殺菌剤および殺虫剤の作用機構分類を示します。コードの異なる農薬を使用することで同一系統の農薬の連用を防ぐことにつながります。

農薬の使用にあたっては、最新の「農薬登録情報」を確認するとともに、ラベルをよく確認して農薬使用基準を順守します。

著者紹介

倉橋 孝夫（くらはし　たかお）

1958年島根県出身。1981年鳥取大学農学部卒業、1996年鳥取大学大学院連合農学研究科博士課程修了。博士（農学）。島根県農業技術センター勤務。
著書に『物質生産理論による落葉果樹の高生産技術』（共著、農文協、1998）ほか

大畑 和也（おおはた　かずや）

1973年島根県出身。1999年九州大学大学院農学研究科修了、2005年から島根県農業技術センター勤務。2017年鳥取大学大学院連合農学研究科博士課程修了。博士（農学）。

基礎からわかる　おいしいカキ栽培

2019年 9月15日　第1刷発行
2024年 6月30日　第4刷発行

著者　倉橋 孝夫・大畑 和也

発行所　一般社団法人　農山漁村文化協会
〒335-0022　埼玉県戸田市上戸田2-2-2
電話　048（233）9351（営業）　048（233）9355（編集）
FAX　048（299）2812　振替　00120-3-144478
URL.　https://www.ruralnet.or.jp/

ISBN 978-4-540-18121-4　製作／條 克己
〈検印廃止〉　印刷・製本／TOPPAN（株）